城市的意象
The Image of the City
(Harvard-MIT Joint Center for Urban Studies Series)

凱文 · 林區〔Kevin Lynch〕著

胡家璇 譯

遠流出版公司

推薦序

凱文·林區 (Kevin Lynch) 的《城市的意象》(The Image of the City) 英譯本翻譯為中文在台灣出版是本遲來的經典，這是早就該出版的書。對於這本必須閱讀的書，在很長的一段時間內，台灣採用的是台隆出版社的日文譯本的中譯版，語氣失真，閱讀的經驗總是隔了一層，在翻譯的信雅達要求上難以滿足讀者是可以預期的事。這種文字經驗可以類比殖民時期台灣的建築與都市的空間經驗，殖民者後藤新平有意識地移植歐洲古典建築的權力空間做為殖民國家官署震懾被殖民者的意志，雖然語彙有些走樣，日人轉手的西歐古典建築總是城市的中心，國家威嚴的象徵。《城市的意象》是都市研究的經典，是世代的象徵，在 1960 年英文版出版了近五十五年之後，林區在準備赴北京清華教學材料時突然在瑪莎葡萄園島家中去世，連身後接手同儕與友人現在都已退休，遲來的中譯本仍然值得肯定。

《城市的意象》之為經典有些事必須說明。即

使是資本主義的專業分工與知識零碎化趨勢下，本書仍然是建築、地景建築、都市設計、都市與區域規劃、都市研究，以至於所有與城市相關的研究領域都能分享與必須精讀的書。本書的歷史性貢獻在於，在 1960 年，社會科學為實證主義當令，規劃與設計為現代主義當道；對前者言，意象研究，是實證主義純粹行為取向的狹隘心靈認為不符合科學的研究要求，林區像是由後門溜進來的幽靈，取得了社會科學研究者在研究發問上不敢質疑的突破；對後者言，城市意象聯繫起生存空間，是現代主義歐基里德空間的對抗者，不但埋葬了現代主義的規劃與設計，而且在接踵而至的社會騷動與社區抗議的脈絡中聯繫上詹明信 (Fredric Jameson) 所謂的晚期資本主義模型的後現代主義範型轉移。

本書的研究成果，不但成為職司都市形式塑造的都市設計 (urban design) 專業領域的基礎研究基石，而且作者的人文主義取向，有意區分美式專業與學院的形式主義取向，擴展狹義的、有技術工具性取向的都市設計，建構不同的專業措詞，重新定義：城市設計 (city design)。林區著眼於社會與歷史向度，將城市設計的空

間與時間形式的塑造與經理聯繫上美國強大的市民社會所支持的、城市的、公共的、市民的 civic design，甚至聯繫上在歷史上一直有突出專業表現的歐洲的傳統——urbanism。以及，在當時不友善的、偏狹的美國政治氛圍中，林區在公開的訪談影片中自承為社會主義者，不但經由社區參與與溫暖的地方諮詢，將設計尺度擴及區域設計 (regional design)，而且，作者與其昔日麻省理工學院的助教，日後柏克萊加大的教授卻因車禍早於林區去世的唐·愛坡雅 (Donald Appleyard) 兩人，是美國專業學院中少數有能力與社會科學學者溝通對話的都市專業實踐者 (urbanist)。本書開啓的意象研究的調查方法，後期接棒的社會科學學者則陸續加以改善，尤其是針對受訪者圖繪能力的難題。

林區以使用者的感覺經驗替代了個人品味，動搖了傳統觀念論的先驗語言，美與美感所支配的審美論述的知識基礎。本書處理都市形式的感覺經驗，賦予認同與自明性、分類空間結構，然而，卻忽略了意義的討論，這也是本書完成之後其他後繼書寫中作者再三致意之處。本書有原創性地將城市意象分類為通道、邊界、地區、節點、地標五種元素，然而，在其晚年卻

一再指出美國的形式主義專業者未解其意，將五元素形式簡化為專業者自身的城市意象，逕行規劃與設計，完全遺忘了市民，尤其是不同階級、性別、族群的市民。林區的意象五元素，竟然提供了專業者自行其是的簡便工具，令作者遺憾，更值得在中譯本前強調。

本書影響深遠，當然包括台灣。除了對台灣的都市規劃與都市設計專業者之普遍影響外，具體案例上，1980 年，我們在國科會支持下曾對台北作過都市意象的研究，當時針對調查方法，還以書信向林區教授請教。在更根本的方法與理念上，一九八零年代的台大校園規劃，甚至，台大建築與城鄉研究所的教育方向與具體教學方式，如實習課程，可謂惠我良多。凱文‧林區是美國最重要的人文主義取向的都市設計與規劃的學者（甚至可以不用之一），他寫的最有影響力的、幾乎可以說是重要的第一本書在台灣出版，怎麼能不在前面多說幾句話呢？

夏鑄九，台北，2014 年 8 月 17 日
台灣大學建築與城鄉研究所名譽教授

作者序

本書探討的是城市的外觀，以及外觀是否重要、能否改變。都市景觀扮演了多重的角色，其中也包含了讓人觀賞、讓人記憶、讓人愉悅的功能。而賦予城市視覺形態是一種特殊的設計問題，也是個新議題。

在檢視這項新議題的過程中，本書探討了三座美國城市，包括波士頓、紐澤西、洛杉磯，並且建議了一種我們或許可由此開始處理都市視覺形態的方法，從而為城市設計提供一些首要原則。

本書所涵蓋的研究工作，是在麻省理工學院都市與區域研究中心的吉爾吉・奇比斯 (Gyorgy Kepes) 教授和我共同指導下完成，數年來一直獲洛克菲勒基金會慷慨資助。本書隸屬於麻省理工學院和哈佛大學都市共同研究中心（為兩所院校都市研究活動催生的機構）的系列叢書之一。如同任何智慧心血結晶，本書內容衍生自眾多來源，已難以追溯。而許多研

究助理對本研究的發展都有直接的貢獻，例如大衛‧克蘭、伯納德‧佛萊登、威廉‧阿倫索、弗蘭克‧霍奇基斯、李察‧多博、瑪莉‧艾倫‧彼得斯（現為阿倫索夫人），我深深感謝他們每一個人。

另外，有個人的名字應與我的名字並列於本書首頁，但他不應因此為本書的缺點負責，他就是吉爾吉‧奇比斯。本書中的細節發展與具體研究出自我手，但基礎概念皆是與吉爾吉‧奇比斯教授多番討論交流中產生的。如果沒有他的想法，我就無法從中抽絲剝繭產出我的想法，我很高興多年來與他合作愉快。

凱文‧林區
麻省理工學院
1959 年 12 月

目錄

第一章
環境的意象

不論景色多麼普通，欣賞城市總能讓人感到愉悅。城市如同建築，是一種空間裡的構造物，只是規模極大，必須花很長時間去體會、去感知。因此城市設計是一種屬世的藝術，卻不像音樂等其他藝術一樣，會受到某些特定順序格式限制。因為不論晝夜陰晴，在不同狀況，對不同人而言，城市設計的順序是不同的，會被反轉、打斷、捨棄或中斷。

每時每刻，都有更多眼睛所能看到、耳朵所能聽到的景象等著我們去發掘。所有的事物都非遺世獨立，而是與周遭息息相關，是各種事件陸續發生導致的結果，或是過往經驗的回憶。如果把華盛頓街移植到某個農村，或許會覺得看起來是到了波士頓市中心的購物街，但其實仍是截然不同。每位城市居民都和自己所住城市的某些部分有著長久的情感連結，而且對城

市的意象也是沉浸於回憶之中，充滿意義。

城市裡動態的元素，尤其是人的活動，跟靜態的元素同等重要。我們不只是城市景致的旁觀者，而且是其中一部分，和其他人一同站在這座舞台上。通常我們對一個城市的感知並非固定不變，而是片斷的、局部的，混雜了許多其他事物。在城市中，我們幾乎所有感官同時運作，這些感知綜合起來便形成城市的意象。

城市，是個被數百萬名階層、性格各異的人所感知（還有欣賞）的物體，亦是經眾人之手建成的產物，每個人因著各自的原因，不斷形塑這個結構。也許在某段時間內，城市的外觀大抵不變，內部細節卻是瞬息萬變的。城市的生長與成形不可能被完全掌控，也沒有最終結果，只有一個接一個的階段不間歇地轉變下去。也因為如此，無怪乎形塑城市賞心悅目樣貌的藝術，與建築、音樂、文學這一類的藝術完全不同。前者可以從這些藝術汲取許多靈感，卻不能模仿它們。

現實中，美麗愉悅的城市環境甚少，有人甚至認為根本不存在。在美國，沒有多少比村莊稍

大的城市能夠歷久彌新，頂多只有某些小鎮的某些區域算得上漂亮，因此多數美國人對於舒適愜意的居住環境毫無概念，也就不足為奇了。他們很清楚自己住的地方有多髒亂，總是抱怨漫天灰塵、烏煙瘴氣、炙熱難耐、交通堵塞、秩序混亂，以及環境的單調。不過，他們也的確很難體會和諧的環境有多麼珍貴，畢竟這樣的環境只有在他們當觀光客時才能匆匆掠過，但卻絲毫沒意識到，如果這樣的景觀可以成為每日愉悅的泉源、永遠的居住港灣、或這個富含意義與豐富面貌的世界的延伸，那會意味著什麼。

本書將透過居民心中的城市意象，來探討城市的視覺特質，尤其著重在景觀的清晰度，或者說「可辨讀性」。可辨讀性的意思就是城市的各個部分可輕易被辨認出來的程度，以及是否可被組織成一個連貫的脈絡。好比本書的這一頁之所以具可辨讀性，是因為它在視覺上由一系列可被辨識的相關符號組成。因此所謂一座具可辨讀性的城市，指的是它的各個區域、地標或通道很容易辨識，而且可被歸類成一個有脈絡的整體。

可辨讀性

編註：作者在此特地選用「legibility／可辨讀性」一詞，此字為本書關鍵概念之一，與「reading／閱讀」的概念具高度關聯性。英文讀者在讀到「legibility」一詞時亦感意外。但這並非筆誤，而是作者費心挑選此詞，以求精準表達其意。

本書首先認定可辨讀性對城市這個場域來說十分重要，並且分析其中一些細節，試圖說明此一概念可以如何應用來重建當今的城市。讀者很快就會發現，這項研究只是初期探索，雖然前無古人，但絕對後有來者，而且也試圖掌握一些新概念，並說明這些概念可以如何發展和驗證。本書將採用推測的語氣，甚至可能有點輕率，既是假設性，又有些冒失。在第一章我們會先陳述一些基本概念，其後的章節則會運用這些概念來分析幾個美國的城市，探討這些概念對都市設計的重要性。

儘管清晰度或可辨讀性絕不是一座美麗城市的唯一重要特質，但在涉及像都市這種規模、現代和複雜的環境時，可辨讀性就顯得格外重要。而為了要瞭解城市的可辨讀性，我們不能只將城市視為一獨立物體，而得要考量居民對它的感受。

組織、辨認周遭環境是所有能自由移動的生物都具備的一項重要能力。有很多線索可以加以運用：例如視覺上看到的顏色、形狀、動作，或光線（光的偏振），還有嗅覺、聽覺、觸覺、肌肉運動知覺，以及對引力、電場或磁場的感

知。從燕鷗在極地間遷徙，到帽貝（一種貝類動物）在岩石上探路，有大量文獻（見參考書目 10,20,31,59）記載了動物辨向的這些技能，也突顯了這些技能的重要性。心理學家也研究了人類這項技能，不過還很粗略，或還在實驗室階段（見參考書目 1,5,8,12,37,63,65,76,81）。雖然還有些謎團待解，但很顯然辨別方向靠的不是神秘的直覺，而是不斷運用、組織外在環境提供的線索，這樣的組織能力可提升任何自由移動生物的行動效率和存活機率。

對多數人而言，在現代城市裡迷路已是少有的經驗，因為我們可借助其他人和特殊的工具來辨向，像是地圖、街碼、路標、公車站牌等等。不過一旦不幸迷了路，所產生的焦慮感，甚至伴隨而來的恐懼，便證明了迷失方向跟一個人的健康與安定感是多麼有關。「迷路」一詞不只意味著對地理方位的不確定，還隱含了大難臨頭的不祥預感。

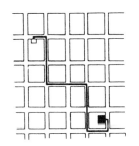

在找路的過程中，環境的意象是非常重要的連結，而環境的意象就是一個人將外在實體世界在腦中歸納出的圖像，這張圖像是當下感官經驗和過往經驗的記憶的共同產物，用來解讀資

訊，指引行動。自古以來，人類便有辨識、歸納周遭環境的需求，它是如此攸關重大，因此環境意象對個人而言，在實際應用和情緒上都非常重要。

毫無疑問地，清晰的意象能讓一個人不費力、快速地移動，找到朋友的家、警察局、商店等等，而一個有秩序的環境能提供更多幫助，做為一個範圍寬廣的參照框架，組織出活動、信念或提供知識。舉例來說，如果了解曼哈頓的結構，一個人就能整理關於我們所身處的這個世界的大量事實和想像。有秩序的環境如同一種好的架構，可以提供一個人選擇的可能性，還有獲取更多資訊的起點。因此，對周遭環境有清楚的意象是協助個體成長的重要基礎。

不僅如此，一個有生命力、完整的環境除了能形成鮮明的意象，也扮演著某種社會角色，為集體交流的符號和記憶提供原始材料，例如一個懾人的景觀是許多原始部族建立重要神話不可缺少的部分。而對孤單地上戰場的士兵來說，「家鄉」這個共同記憶往往是最先、最容易開啟交流的話題。

一幅好的環境意象能帶給居住者一種情感上很重要的安全感，建立起自身與外在世界的和諧關係。這種感覺與迷路的恐懼恰恰相反。換句話說，當自己的家不僅令人感到熟悉，而且與眾不同時，家所帶來的甜蜜感最為強烈。

事實上，一個與眾不同、具可辨讀性的環境不僅提供安全感，亦能提升人類經驗的深度和強度。雖然現代城市充斥著各式各樣的混亂意象，生活於其中不是不可能，但同樣的日常活動若是在較為生動的場景裡進行，就可能產生嶄新的意義。換句話說，城市本身可以是一個複雜社會強而有力的象徵，如果視覺呈現得當，城市亦可以富有強烈的表達意涵。

有人可能不覺得實體環境的可辨讀性有多重要，認為反正人腦的適應力極強，只要有些經驗，就能從最雜亂無序、了無特色的環境裡找出自己的一條路來。也的確，從無跡可尋的茫茫大海、一望無際的沙漠或冰原、迷宮般的叢林裡精確辨向的例子多不可數。

參見附錄 A

然而茫茫大海有太陽、星星、風、洋流、候鳥、海水的顏色可以參照，若沒有這些線索，要辨

向根本不可能。例如，只有訓練有素的航海人員才能在玻里尼西亞群島間航行，就證明了在如此環境裡辨向有多麼困難，即使準備最齊全的探險隊也一定會焦慮不安。

在我們身處的世界中，或許只要全神貫注，任何人都可以在澤西市中辨向、移動，僅需費點力氣，經歷些波折。只是如此一來，情感的滿足、為溝通或組織概念而提供的框架、為每天的經驗帶來新的深度等等這些可辨讀環境所具備的正面價值，便全都喪失了。雖然目前的城市環境並非如此混亂，不至於連熟悉城市的人都感到難以忍受，但我們卻缺少上述正面價值帶給我們的愉悅。

澤西市的討論請見第二章

然而我們也不得不承認如迷宮般神秘、充滿驚奇的環境有一定的價值，就像許多人喜歡到鏡屋探險，波士頓彎彎曲曲的巷道確實魅力無限。但這樣的價值必須基於兩個前提之上：第一，不能有迷失方向或走不出來的危險，神秘感必須處於一個整體框架下，迷惑感必須是整體可見裡的一小部分；第二，迷宮或神祕感必須有某種讓人探索的形式，是花時間可以理出頭緒的，若全然雜亂無章，毫無相關線索，肯定是

完全無趣。

這些論點在附錄 A 有進一步闡述

但這兩點又清楚指出另一項重要前提，就是觀察者必須主動感知周遭世界，創造出自己的環境意象，而且應有權力改變此意象以因應變動的需求。一個井然有序的環境若連枝微末節都很精確，可能反而阻礙活動有創新的模式。試想，倘若景觀裡的每一塊岩石都已述說著一個故事，就很難再創造新的故事了。雖然這點對目前都市的紛雜景象而言並不算關鍵的議題，卻說明了我們追尋的不是最終狀態，而是一種開放的、能不斷發展的規則。

建構意象

環境的意象是觀察者和他所處環境兩者雙向作用的結果。環境存在著各種差異和各類關係，觀察者憑藉著強大的適應能力，依照自己的目的來選擇、組織所見事物，並將之賦予意義；另一方面，已建構的意象則會侷限、突顯觀察者所見事物，同時這個意象在觀察者和環境不斷互動的過程中，被跟經過感官篩選而輸入的資訊加以比對驗證。因此，某個實體環境的意象在不同觀察者眼中可能大相逕庭。

而意象的一致性可能會由幾種方式所建構。即使真實的物體既不算有規律又不清晰，但可能因為觀察者對它越來越熟稔，而形成清楚意象和結構。好比某人可以輕易地從別人覺得混亂的桌面上找到東西。另外也有可能某人第一眼見到某物體，就能輕易辨識並有所感受。這不是因為他對此樣東西很熟悉，而是因為該物體符合觀察者心中已建構的意象。例如，一個美國人總會注意到街角的雜貨店，南非的布希曼人則可能視而不見。此外，首次見到的物體可能會因為其本身形式所呈現的驚人外在特徵，而看起來構造或形式搶眼。這正是為什麼當一位來自內陸平原的人看見大海或高山，即使他年紀很輕或見識不多，無法講出眼前所見為何，也一定會被這景象吸引得目不轉睛。

城市規劃者是物質環境的操控者，他們對於一個人如何產生環境意象這個互動過程的外部因素有濃厚的興趣。有的環境會阻礙、有的環境則會促成意象建構的過程。任何一種物體的形態，不論是精美的花瓶或一塊黏土，都很有可能或沒什麼可能，激起不同觀察者強烈的意象。假使依據年齡、性別、文化、職業、性情，或對環境的熟悉程度，越將同質性的觀察者加以

分類，上述的可能性也越高，也越準確。每個人都會建構自己的意象，但似乎同一群組的人所產生的意象相當一致。而正是這些展現出多數人共有的集體意象，勾起城市規劃者的興趣，他們渴望打造出一個可供眾人使用的環境。

因此本書將略過心理學家感興趣的個體差異，首要之務是闡明所謂的「大眾意象」，亦即多數城市居民共有的心理意象，這些意象的共通之處可能出現在單一實體、共同的文化，與基本的生理本質互動的過程。

目前已被使用的辨向系統在世界各地差別極大，會隨著文化和景觀而有不同。附錄 A 中列舉了不少例子，包括抽象的和固定的辨向系統、移動的系統，還有指向某個人、某間房屋或大海的系統。換句話說，我們的世界可以環繞著一組焦點而組織起來，或是分成幾個已有命名的區域，或是由記憶中的路線所連接起來。辨向的方法各式各樣，而人們可用來辨別自己所處世界的線索更是無窮無盡，這些全都對於我們現在如何在城市中定位，提供了有趣的啟發。而令人驚訝的是，大多數這些例子似乎反覆出現某幾類意象的元素類型，讓我們得以便利地

將之區分為通道、地標、邊界、節點、區域這五類。關於這些元素，我們將在第三章進行定義和討論。

結構與特徵

環境的意象可用三個組成要素來分析：特徵、結構、意義。儘管在現實中這三者總是同時出現，但將它們各自抽離來分析是非常有用。一個可建構的意象首先需要的是物體的辨識度，這意味著它有別於其他物體，會被視為獨立存在，這就是所謂的特徵，沒有任何其他東西與之相等，有著獨立的、唯一的意義。其次，意象還必須包含這個物體與觀察者和其他物體在空間上或脈絡上的關聯，也就是結構。最後，這個物體對觀察者而言必須有某種意義，不論是實際面或情感上的意義。意義也是一種關係，但與空間上或形態上的關係不同。

因此，一個意象若要能做為一種出口，就需要先將一扇門視為一獨一無二的實體，辨識出它和觀察者之間的空間關係，以及它做為可以走出去的一個孔洞的意義。這些是無法完全分開，因為在視覺上，辨識出一扇門跟它作為一扇門

的意義是連在一起的，不過若是認為辨識的重要性大於其蘊含的意義，也是有可能先分析這扇門形體的特徵和位置的清晰度，之後才分析其意義層面。

這種分析方法用來研究一扇門可能沒什麼意義，但拿來探討都市環境就另當別論了。首先，在城市中，意義這個問題就十分複雜。在這個層面上，含有意義的集體意象會比對實體和關係的認知較不可能達到一致性，而且意義比特徵和結構不易受到實質操控的影響。如果我們建造城市的目的是為了讓各形各色的廣大群眾喜愛，以及希望城市能因應未來發展的需求，我們可以明智地著重於意象的實質清晰度即可，並且讓意義不受我們的直接引導，自由發展。例如曼哈頓天際線的意象，或許代表著活力、權力、墮落、神秘、壅塞、雄偉或任何你想得到的，但不管是哪種，那鮮明的景象都會加強體現其意義。由於一個城市可以有的各別意涵如此之多，即使城市的形態是十分一目了然，仍有可能將意義和形態分開，至少在初步分析時是可以這樣做的。因此本書會將重心擺在探討城市意象的特徵和結構。

如果一個意象要在生活空間裡有用來辨向的價值，就必須有某些特質。首先在實用性上，它的資訊必須充足且真實，讓一個人在身處的環境中隨心所欲地運用。例如地圖不論是否夠精細，都必須夠好到能指引一個人到達目的地。也就是說，地圖必須夠清楚、整合得很好、易於查閱，簡言之：就是必須有可讀性。地圖給的指示必須安全，給予充分的線索，讓人可以有多種選擇，能夠採取不同行動，如此失敗的風險也不會太高。這就好比，如果在一個重要的轉彎處，唯一的指示是一盞閃爍的燈，那麼一旦停電就可能引發災難。而且這個意象最好是開放的，可隨時因應改變，讓人可以不斷探索並組織現實；也就是說，必須有空白之處，讓人能自由揮灑想像。最後，這個意象在某部份要能向不同個體傳達。不過，這些所謂一個「好」意象的標準，在不同情境下、對不同人而言會有所不同，有人喜歡既便利又訊息充足的意象，有人則喜歡開放、容易傳達的意象。

可意象性

既然本書重點是視實體環境為一項獨立變數，我們將探討在人的心理意象中，與特徵和結構

屬性相關的實際特質為何，而這就要先談到什麼叫**可意象性**。可意象性的定義，是指一個實際物體具有某種特質，能高度引發觀察者強烈的意象。它可能是形狀、顏色、或排列方式，促使觀察者在心中建構出一幅鮮明可辨、結構強而有力、十分有用的環境意象。可意象性也稱為可辨讀性，或在更高認知層次上，稱為可見度，亦即物體不僅僅被看見，還能被鮮活、強烈地感知到。

半世紀前，斯特恩探討了藝術作品的這項特質，他將之稱為**外顯性**（見參考書目 74）。當然藝術並非僅為滿足此一目的。他認為藝術的兩個基本功能之一，就是「創造意象，藉由形態的清晰與和諧，來達成藝術作品在視覺上可以生動地被理解的需求」。斯特恩認為這是表達內在意義的重要第一步。

從此特殊的意義來看，一座極具可意象性（外顯、可辨讀、可見）的城市應具備良好的形態，獨一無二，引人注目，而且十分吸引人們來看、來聽、來親身體驗。這種環境對感官上的吸引不會被簡化，而是會一直延展、深化。這樣的城市在時間的洪流中會被視為具有高度持續性

的形態，由許多各有特色的部分相互連結而成。對這樣的城市有感覺、很熟悉的觀察者，可以不斷吸收新的感官印象，卻並不會干擾原有的意象，而是讓每一次新的衝擊與舊有的印象激盪。觀察者能因此清楚辨別方位，暢行無阻，對所處環境有深刻的感受。威尼斯就是這樣一座極具可意象性的城市。至於在美國，大抵可說曼哈頓、舊金山、波士頓，或許加上芝加哥湖濱的某些地方，有這樣的可意象性。

這些是從我們的定義中所衍生出來的特徵描述。雖然可意象性有時具有固定、受限、精確、統一、次序分明這些特性，但它的概念不一定只包含這些特性，而且也不見得是一看就很顯目、明白、清楚或易懂的。人所處的環境相當複雜，顯而易見的意象很快就會讓人失去興趣，而且也只能點出我們生活世界的某些特徵而已。

總之，城市形態的可意象性將會是本書探究的重點。除了可意象性，美麗的環境還有其他的基本特性，包括：意義或表現性、愉悅感、節奏、刺激、選擇。我們在此著重於可意象性，並不代表其他特性就不重要，我們目的只是要在我

們身處的感官世界裡，考量人類對特徵和結構的需求，並說明這項特質與複雜、不斷變遷的都市環境之間的特殊關係。

既然意象的建構是觀察者與被觀察者之間雙向的交互過程，因此也就可以利用符號、重新訓練觀察者的感受力、或重塑環境等方法來加強意象。你可以給觀察者一組顯示這個世界是如何組成的符號圖表，例如一張地圖或一組文字指示，只要觀察者可以將現實套入這張圖表裡，他對於周遭事物彼此的關聯就有了線索可循。你還可以像紐約市之前做的（見參考書目49），架設機器來提供指引。這樣的裝置確實十分有用，能夠給予大量互聯關係的資訊，但這麼做卻也有風險，因為如果沒了這類裝置，等於就無法辨向，而且裝置的內容必須隨時與現實對照，以符合現實的變化。附錄A中大腦損傷的案例，說明了如果完全仰賴這種方式所產生的焦慮和辛苦。而且，這樣也會喪失相互聯繫的完整體驗，以及全然生動的意象。

另一種方法是訓練觀察者。布朗在研究中請受試者矇著眼睛走迷宮，一開始難如登天，但重複幾次後，受試者越來越熟悉迷宮的某些部份，

尤其是開頭和結尾處，而且產生了方向感。當他們最終能夠完全不出錯地走出迷宮，這整個迷宮便成了一個有方位的地點（見參考書目8）。德席瓦爾還敘述了另一個案例。有個男孩似乎有「自動」導航系統，但後來發現是因為該名男孩的母親無法分辨左右，他便從嬰兒時期被訓練能辨別「門廊的東邊」或「梳妝台的南端」等（見參考書目71）。

希普頓描述攀爬聖母峰時的勘測經驗，更是學習辨向最戲劇性的例子。他從一個新的方向攀爬聖母峰時，馬上就認出他從北面攀爬時所認識的主峰和山脊，但陪同他的雪巴嚮導儘管對這兩側都很熟悉，卻從未發覺兩側所見其實是同一座山，知道後他感到驚訝又有趣（見參考書目70）。

基爾派崔克則描述了觀察者接收到新的刺激，卻跟原先建立的意象無法吻合的感知學習過程（見參考書目41）。一開始觀察者會先有假設的形態，用來在概念上解釋新的刺激，而此時對以前假設形態的錯覺仍存在。大多數人的經驗都可證實這點，就是儘管已經發現舊的錯覺意象並不適用，卻會一直存在著。例如我們凝視叢

林，見到陽光灑在綠葉上，但具有警告意味的聲響暗示我們有動物藏身其中，觀察者便會馬上學習重新解讀眼前的景物，把「快逃」這個訊號獨立出來，對先前接收的訊息也重新評估，這時這隻偽裝的動物可能因眼睛的反光而被觀察者發現了蹤跡。這樣的經驗重複幾次，整個感知過程便改變了，觀察者不再需要有意識地搜尋快逃的訊號，或是在舊有的認知框架裡添加新訊息，而是已經建構了能讓他在面臨新環境時，成功地完成看起來自然又正確的意象。倏然間，原本隱身在樹葉間的動物就變得「再明顯不過了」。

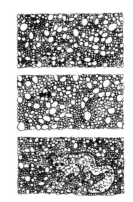

同樣地，我們也必須從自己廣闊延伸的城市中看出掩藏的形態。我們是不太習慣組織如此大規模的人為環境並形成意象；但我們的活動卻會驅使我們這麼做。柯特·薩夏提到了一個例子，說明超過某個層次之外，就沒辦法建立連結（見參考書目 64）。北美印地安人的歌聲和鼓聲各有各的節奏，這兩者是分開來被感知的。若以我們的音樂做類比，他提到，就好比我們不會把教堂裡的唱詩班與教堂的鐘聲對等聯想在一起。

在廣大的都會區，我們不會把唱詩班的歌聲和教堂鐘聲連結在一起，就像那位雪巴嚮導，只看到聖母峰的側面，卻看不見山的全貌。延展、深入我們對環境的感知，是一種演化和文化上持續發展的過程，目前這個過程已經從近身觸覺發展到遠端的感知，然後從遠端感知發展到符號溝通。本書的論點便是，我們現在已經可以透過對外部實體形狀的運用和內在的學習過程，來建構環境意象。而現今的環境如此複雜，也迫使我們不得不這樣做。我們將在第四章探討這個過程是如何形成的。

原始人是不得不依據他所見到的既定景觀來隨時調整自己對其周遭環境的意象。他們可以藉由堆石頭、生火、在樹上刻標誌來對環境做出細微的改變，但在視覺清晰度或視覺互聯關係上面，他們僅在居住區域和宗教區域有清楚的區別。只有強大的文明社會才能夠對整個大環境做出大規模的改變，這種有意識地大幅度改造實體環境的例子直到近代才出現，因此環境的可意象性算是新的議題。嚴格來說，我們現在可以在很短的時間內打造出全新的景觀，例如荷蘭的圍海造田。他們十分清楚要如何建造一個完整的景觀，讓觀察者能夠容易辨識出各

個部分，也能組織出整體架構（見參考書目 30）。

大都會地區如雨後春筍般興起，我們卻尚未體認到，這樣的新的體系也要有自己相對應的意象。蘇贊‧蘭格在她對建築的定義中，一言以蔽之地點出了這個問題。她認為建築的定義是：

「一切被創造出來的可見的環境」。（見參考書目 42）

第二章
三個城市

要了解環境意象在我們都市生活中所扮演的角色，我們必須仔細探察一些城市區域，並訪問當地居民。我們的目的是要發展出可意象性這個概念，加以驗證，並且和視覺上所見到的現實做比較，以了解甚麼樣的城市形態可形成強烈的意象，進而提出都市設計的一些原則。我們認為，分析現有的城市形態以及其對居民的影響，是城市設計的基石，我們也希望這項研究能發展出實地考察和居民訪問的一些實用技巧。本書屬小型試驗性研究，目的是為了發展概念與方法，而非決定性地證明某些事實。

我們以三個美國城市的中心地區來進行分析，分別是：麻薩諸塞州的波士頓、紐澤西州的澤西市、加利福尼亞州的洛杉磯。波士頓是筆者的所在地，在眾多美國城市中別具一格，形態鮮明，辨別區位的難度頗高。而我們選擇澤西

市，是因為它第一眼看去，明顯毫無形態可言，似乎全無可意象性的規律。相反地，洛杉磯是一座新興城市，規模與前者完全不同，中心地區為網格狀佈局。我們選定這三個城市中心地區約 2.5 英里乘 1.5 英里的區域大小為研究範圍。

我們對這三個城市進行了以下兩項基本分析：　　　參見附錄 B

1. 由一位受過訓練的觀察者徒步走訪這些地區，進行系統性的實地考察。他一一描繪出各種元素、這些元素的可見度、意象的強弱，以及它們的連接處、中斷處、彼此的關聯，並記錄這些元素建構意象結構可能產生的特殊成功之處或難處。這些分析是根據這些元素在當地給人的第一印象所做出的主觀判斷。

2. 我們對當地居民抽樣，向一小部分人進行一段長時間的訪談，來喚起他們自己對實體環境所建構的意象。訪談中，受訪者被要求要描述環境、提供地點、畫出簡圖，並請他們進行想像的行程。這些受訪者都是長期在當地居住或工作的居民，他們的住所或工作地點分佈在我們的研究區域內。

我們在波士頓訪問了約三十幾人，在澤西市和洛杉磯則各有十五人。在波士頓，我們除了做基本分析之外，還輔以照片辨識測驗和實地走訪，並請街上行人指引方向，另外我們還對波士頓景觀裡某些特別的元素做了詳細的實地考察。

這些研究方法在附錄 B 中有詳盡的描述與評估。然而我們的樣本數少，又集中於專業人士和管理階層，因此很難說我們獲得了真正的「大眾意象」。但我們蒐集來的材料十分豐富，而且非常一致，顯示確實有大眾意象存在；而且透過某些方法，我們確實發現了至少一部分的大眾意象。不僅如此，我們獨立進行的實地分析相當精準地預測了訪談所得出的大眾意象，並且也說明了實體形態本身所扮演的角色。

無庸置疑地，通道或工作地點聚集的地方，往往會創造出一致的大眾意象，因為是將同樣的景觀元素呈現在許多人面前。加上社會地位或歷史背景這些非視覺來源的聯想，則又進一步加強了這些相似之處。

當然，環境的形態對於意象的形塑有非常大的

影響。不同的受訪者可能會有相似的描述、相似的鮮活印象，或甚至相似的困惑，而熟悉感似乎等同於知識，這些都會讓此點再清楚不過了。而這種意象和實體形態之間的關聯，正是我們有興趣關注的地方。

我們發現，儘管所有受訪者都有做了些努力來適應環境，但這三個城市的可意象性有顯著的差異。開放空間、植栽、通道上的移動感、視覺對比等特性，似乎在城市景觀中格外重要。

本書內容大部份都是將這些大眾意象和視覺現實比較後所得到的訊息，以及從中的推測。可意象性的概念和元素類型（將在第三章探討）大部分皆是從這些材料的分析中獲得，或者琢磨發展出來。關於這些方法的優缺點，我們將留到附錄 B 討論。在這裡重要的是先讓讀者了解本研究的基礎。

波士頓
Boston

我們在波士頓選定的研究區域，是麻州大道沿線內的中央半島部份。這塊區域年代悠久、歷史悠久，帶有歐洲風情，在美國城市中別具一

格。這裡包含了都會地區的商業中心，還有幾個人口密集的住宅區，其中有貧民窟，也有高級住宅。圖 1 是該地區的鳥瞰圖，圖 2 是輪廓圖，圖 3 是經過實地考察後所繪製的全景圖，特別突顯了主要的視覺元素。

見圖 1
見圖 2，p.35
見圖 3，p.36

幾乎所有該地的受訪者都說，波士頓這個城市擁有十分與眾不同的街區，蜿蜒其中的通道錯

圖 1　從北面俯瞰波士頓半島

綜複雜。波士頓是個髒亂的城市，紅磚建築林立，最具代表性的是波士頓中央公園的開放空間、有著金色圓頂的州議會，以及從劍橋區望過查理斯河的景觀。許多人還說這裡是個老舊古樸的地方，到處都是老房子，然而在老舊建築裡卻錯落著新建築。這裡街道狹窄，人車壅塞為患，連停車的空間都沒有，然而寬闊的主要街道卻與狹小的巷道有著天壤之別。城市中央是個半島，被水道圍繞。除了波士頓中央公園、查理斯河、州議會，還有其他形象鮮明的元素，例如貝肯丘、聯邦大道、華盛頓街上的

圖 2 波士頓半島輪廓圖

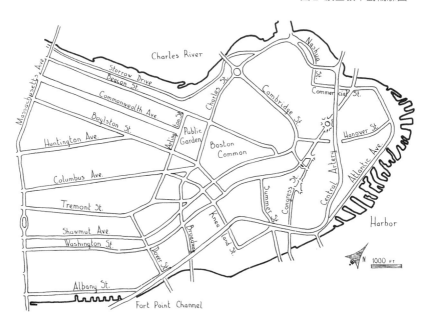

35

購物區和劇院區、考普利廣場、後灣、路易斯堡廣場、城北端、市場區，以及接鄰碼頭的亞特蘭提大道。受訪者還補充了波士頓的其他特徵，像是缺乏開放空間或休閒空間，是個「孤立的」中小型城市，有很大的多用途面積，很多面向河景的窗戶、鐵鑄欄杆或棕色砂石的建築門面。

圖3 實地考察所繪的波士頓視覺形態

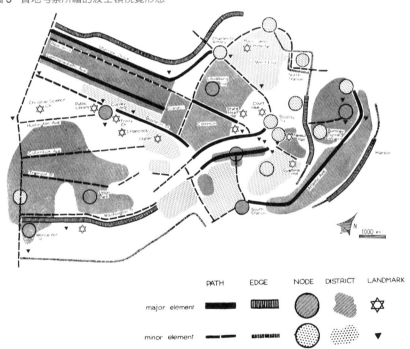

問到最喜歡的景致，人們通常回答是有水景和
一大片空間的遠景景觀，還有很多人提到從查
理斯河看到的景色，另外有人說到沿著平克尼
街的河景、從布萊頓一座山丘上眺望的遠景、
從港口回望波士頓等等。另一個人們最喜歡的
景色是燈光閃爍的夜景，或遠或近，城市似乎
在此時表現出平日裡少有的躍動感。

見圖 4

波士頓有一種結構，是幾乎所有這些受訪者都
知道的。查理斯河及河面上的橋構成了清楚的
邊界，後灣的主要街道，尤其是貝肯街和聯邦
大道，都與河岸平行。這些街道從麻州大道伸
出，與查理斯河垂直，一路延伸至波士頓中央

見圖 5，p.39

公園和波士頓公共花園。在這些後灣街道旁的是考普利廣場，杭亭頓大道則直通這裡。

波士頓中央公園較低處有特里蒙特街和華盛頓街，兩者平行，與幾條小一點的街道相交。特里蒙特街延伸至斯科雷廣場，再從這個連接點，或者說節點，劍橋街回到了另一個節點查理斯街圓環，從這裡再把整個框架連回到查理斯河。如此一來，整個框架便把貝肯丘包在中間。離河邊較遠處，又有另一個非常清晰的臨水邊界，就是亞特蘭提大道和港口區，這裡可說是唯一和其他地區不太有連接的區塊。儘管許多受訪者在認知上把波士頓視為一個半島，但他們卻無法在視覺上把河流和港口區連接起來。某種層面來說，波士頓似乎是一個「單側」的城市，一旦遠離了查理斯河邊界，就失去了清晰性和內涵。

如果我們的受訪樣本具代表性的話，幾乎所有波士頓人都可以告訴你關於這個城市的這些細節。不過同樣他們也很可能無法描述出其他事情，例如後灣和城南端之間的三角地帶、城北火車站以南的無人地帶、伯爾斯頓街其實和特里蒙特街交會，或者商業區的通道走向等等。

最有趣的一個街區，是大家都沒描述到的地區，見圖 35，p.236
就是後灣和城南端之間的三角地帶。對每位受
訪者來說，這裡在地圖上是一片空白，連在那
裡土生土長的當地人都這麼認為。這個地區相
當大，有一些人盡皆知的元素，例如杭亭頓大
道和基督教科學教會等零星地標，然而在這個
區域似乎該出現的形態都不存在，無以名之。
我們推測，因為周遭鐵軌環繞形成阻隔，加上
後灣的主要街道和城南端感覺像是彼此平行，
導致這個地區在認知上如同被擠了出去。

波士頓中央公園則正好相反，是許多受訪者對見圖 6，p.42
這個城市的核心意象，另外還有貝肯丘、查理

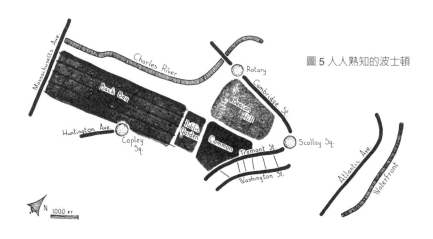

圖 5 人人熟知的波士頓

斯河、聯邦大道，都是常被提到、在記憶中特別鮮明的地方。這些受訪者在城市裡穿梭時，經常會故意繞道經過這些地方。波士頓中央公園是一處廣大的開放空間，與波士頓最密集的地區毗鄰，是一個四通八達的地點，很容易抵達，誰都不可能弄錯。這個公園的位置非常好，可以看到貝肯丘、後灣、市中心的購物區這三個重要區域的邊緣，因此這裡是個核心，任何人都可以探索與認識這整個環境。不僅如此，公園本身也是饒富變化，包括一個小型地鐵廣場、噴水池、蛙塘、一座表演台、墓園、「天鵝池」等等。

而這個公園的開放空間形狀是個罕見的五邊直角形，讓人很難記得。由於這裡面積實在太大，在各區都有完整的植栽，可以相互看見，因此想從公園裡穿過的人常常迷路。而且其中兩條邊界通道 —— 伯爾斯頓街和特里蒙特街，是城裡的重要道路，又增加了辨識的難度。在這裡，這兩條路呈直角相交，但往遠處延伸後，看起來卻像兩條平行線，與同一條主幹道麻州大道垂直，並分岔出去。另外，中央的購物區也在這個伯爾斯頓街和特里蒙特街的交會處尷尬地呈九十度，商業活動漸行漸少，然後又在遙遠的伯爾斯頓街再現

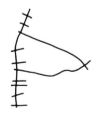

生機。這些都使這個城市核心的形狀變得十分模糊，是個辨向上的一大缺點。

波士頓有許多獨特的區域，而且在中心區的大多數地方，只要看看周遭就知道自己身在何處，其中甚至有一個部份是很不尋常地由這些獨特的區域接連拼接在一起，依序為：後灣－波士頓中央公園－貝肯丘－中心購物區，身處其間，絕對不會搞不清楚自己在哪裡。然而，這些獨特鮮明的地方大多毫無形態可言，或者分佈得有些雜亂。如果波士頓的區域可以有清楚的結構，加上鮮明的特色，勢必會讓人印象強烈。不過還是要順帶一提，與眾多美國城市相比，波士頓依然獨樹一幟，其他美國城市雖然有整齊劃一的區域，但幾乎沒有特色。

波士頓的區域特色十分鮮明，通道系統卻是一團混亂。不過由於交通運輸的功能實在太重要，因此通道系統依舊影響了波士頓的整體意象，這點跟其他兩個我們所研究的城市一樣。波士頓的通道中，除了因歷史條件形成的主要幹道由半島基部向內呈放射狀延伸，並沒有基本的規律。在市中心多數地區，以東西向往返麻州大道移動，是比南北向移動容易。這種城市的

圖 6 波士頓中央公園

特質也從各類意象形塑過程所帶來的思緒混亂反映出來。這裡的通道系統結構異常難以理解，但其複雜性卻為本書第三章探討的通道系統提供了豐富的材料。先前已提過，平行的伯爾斯頓街和特里蒙特街其實在某處呈直角相交，造成辨向的困難；而後灣擁有規律的格狀通道網，是大多數美國城市常見的特徵，與波士頓其他區域的形態形成強烈對比，反而顯得獨特。

見圖 7，p.43

波士頓中心地區有兩條高速公路穿過，一條是斯托羅幹道，另一條是中央幹道。當人在稍微老一點的街道上行進時，會隱約感到這兩條高

速公路像是屏障，但若想像自己在上面開車，
則會感覺它們是通道。這兩種感受反映出截然
不同的兩個面向：由下往上看，中央幹道像是
一堵巨大的綠色高牆，斷斷續續，時隱時現；若
將它視為通道，則像一條起伏的緞帶，高低曲
折，其間鑲嵌著路標。有趣的是，受訪者都覺得
這兩條高速公路是在城市「之外」，很難跟城市
聯想在一起。雖然它們都從市中心穿過，但在每
個交流道口的轉接都讓人感到有點迷惑。不過，
斯托羅幹道與查理斯河的關係很明確，因此能與

43

城市裡大致的形貌聯想在一起，但中央幹道卻教人費解地在市中心蜿蜒，阻擋了漢諾威街，切斷了城北端的辨向連結。而且人們有時還會把中央幹道跟考塞威大道－商貿大道－亞特蘭提大道這段路線搞混。這兩條通道其實完全不同，只因為兩者感覺起來都是像斯托羅幹道的延伸。

從好的一面來看，波士頓通道系統中有幾個部分可說是特色明顯。不過這個毫無規律的通道系統是由一個個獨立的元素組成，一個連一個，有時彼此完全不相連，因此很難畫出整個系統，或建構出一個整體意象，通常必須借助於連續的連接點才行。這些連接點或節點因而對波士頓極為重要，像「帕克廣場區」這一類平淡無奇的地區，就會以通道交會點這種結構的聚焦點來命名。

見圖 8，p.45

圖 8 總結出對波士頓意象的分析，也可說是為都市設計規劃做準備的第一步。這張圖將這個城市的意象可能出現的主要困難點以圖示整理出來，包括令人困惑之處、位置不明確的節點、模糊不清的邊界、孤立處、連續部分的中斷點、含糊不清的地方、分岔處、沒有特色或難以區辨之處等等。這些缺點，再加上優點，以及還

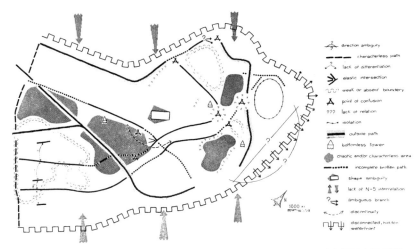

圖 8 波士頓的意象問題

可凸顯意象的地方，就相當於一個小型的平面
圖分析。就跟基地分析一樣，這張圖並不是決
定規劃的走向，而是做為一個基礎，在這之上
可以做出各種有創意性的決策。由於這張圖的
分析層面較廣，自然比之前幾張圖包含了更多
的詮釋說明。

澤西市
Jersey City

紐澤西州的澤西市位於紐華克市和紐約市的中
間，處於兩個城市的邊緣地區，本身沒有甚麼
重要的活動。當地的鐵路與高架的高速公路垂

見圖 9，p.48

直交叉，看起來像是個讓人路過而非居住的地方。澤西市的住宅區以種族和社會階級區分，被佩利賽德岩壁從其間切斷。原本有個地方可以自然形成購物中心，卻被較高處人為興建的喬納廣場阻礙，結果這個城市不只有一個中心，而是有四、五個。跟任何一個美國城市的衰頹地區一樣，這裡的空間同樣毫無形態可言，結構雜亂不一，還有一個完全不協調的通道系統，更是雪上加霜。單調、骯髒、惡臭是一開始教人震撼的印象。當然這是初來乍到此地的人對澤西市的表面印象，但那些長年居住在此的人對這裡有甚麼樣的意象，就耐人尋味了。

見圖 10，p.48

我們在澤西市實地考察後，將視覺結構繪製成圖，比例跟所用的圖示都與繪製波士頓的圖一樣。其實這個城市的形狀和脈絡比外地人眼裡所見的多，也的確，做為一個居住地，這裡理當該如此。不過若和波士頓的同樣區域相比，這裡值得自豪的可辨識元素就少多了。大部分地區都被鮮明的邊界所切割。整體結構的基礎要點是喬納廣場，是兩個主要購物中心之一，哈德遜大道從中穿過，「貝爾根區」以及重要的西界公園則從這條大道向外開展。往東走，有三條通道往下穿過岩壁邊緣，稍稍匯聚在較

低的地區，這三條通道分別是：紐華克、蒙哥馬利、康米尼波－格蘭德，岩壁上還有間醫學中心。最後在哈德遜的鐵路－工業區－碼頭區的這個屏障處，一切戛然而止。大體上除了三條下坡路的其中一兩條之外，這是多數受訪者最熟悉的城市脈絡。

儘管澤西市居民都認為當地是獨一無二，但若把澤西市的圖和波士頓的圖比較一下，任誰都能一眼看出澤西市缺乏特點。澤西市的地圖幾乎乏善可陳。喬納廣場很顯眼，因為是購物和娛樂活動密集的中心，但那裡的交通和空間上的混亂教人難以理解，無所適從。哈德遜大道跟喬納廣場不分軒輊，同樣顯眼，西界公園居次，它是這個城市裡唯一的大型公園，不斷有受訪者提及這塊區域多麼特殊，是平淡無奇的景觀裡的一大亮點。「貝爾根區」也很突出，主要因為那裡是某社會階級的群聚區。而紐澤西醫學中心非常好辨認，它是一棟白色建築，聳立在岩壁邊緣，像個被隨意放置的巨人。

見圖 37 ，p.237
見圖 41 ，p.239

見圖 11 ，p.49

見圖 12 ，p.49

此外，除了遠處令人嘆為觀止的紐約市天際線，這裡幾乎沒有甚麼大家公認的特殊景觀。我們另外為澤西市繪製了幾張圖，特別添加了實用

圖 9 從南面俯瞰澤西市

圖 10 實地考察所繪的澤西市視覺形態

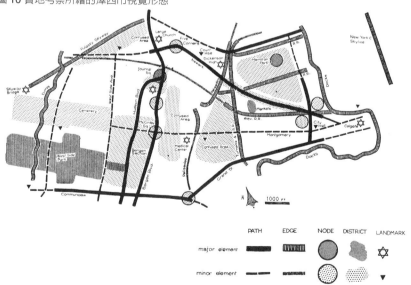

圖 11 喬納廣場

圖 12 紐澤西醫學中心

的必要元素：主要通道，尤其是那些交通要道，它們的連續性在澤西市多數街道中很罕見。這個城市缺乏容易辨識的區域和地標，也沒有眾所周知的中心或節點，卻有好幾條明顯的邊緣，或者說分隔用的邊界，例如劃過頭頂的鐵路線和高速公路、佩利賽德岩壁及兩處濱水區。

我們研究每位受訪者所畫的簡圖和訪談時，很清楚發現沒有任何一位受訪者對於他們居住多年的城市有完整的意象。他們畫出的地圖常常是支離破碎，有大片空白的地區，常大多著重住家附近的小區域。河邊斷崖似乎是強烈的區隔元素，而且通常大家的地圖會顯現出上方意象清楚、下方意象模糊，或上方意象模糊、下方意象清楚，而上下之間由一兩條純粹是概念性的通道相連。下方地區則尤其難理出結構。

我們請受訪者概括地描述這個城市時，最常聽到的回答之一是，這個城市沒有整體性、沒有中心，而是許多小居住區的組合。當我們問到：「聽到『澤西市』這個詞時，你最先想到的是甚麼？」這個問題對波士頓居民來說太容易回答了，但對澤西市居民則很困難。一次又一次，我們反覆聽到的第一個回答是「沒甚麼特別

的」，他們很難為這個城市找到特定的象徵，沒有甚麼特殊之處。有位女性受訪者說：

這真的是澤西市最讓人感到惋惜的地方。如果有人從外地來，這裡沒有任何東西可以讓我說：「噢，我一定要帶你看這個，它真的美極了！」

每當我們問到澤西市的象徵，最常得到的回應都跟這個城市無關，而是河對岸紐約市的天際。多數人的觀感是，澤西市似乎是位於其他地域的邊緣。有個人說他對兩個景觀有印象，一個是紐約市的天際線，一個是在另一邊代表紐華克市的普賴斯基高架道路。另一位受訪者則強調被周圍屏障封閉在內的感覺：要走出澤西市，你必須從哈德遜下方通過，不然就得走令人困惑的托內爾圓環。

如果要重新打造一個城市，可能很難找到一個像澤西市這麼戲劇性、具可意象性、有基礎用地和地形的地點了。但是，澤西市的整體環境卻一直被指為「老舊」、「骯髒」、「無趣」。這裡的街道總是被形容為「支離破碎」。而且見圖 13，p.53很明顯受訪者所提供與環境相關的資訊極少，他們只有概念性的訊息，而沒有具體、可感知

的真實意象。最驚人的是，受訪者的描述大多傾向用路名和用途來描述，而非視覺景象。以下這段是受訪者描述自己在一個熟知區域行進的例子：

當你穿越高速公路後，有一座向高處延伸的橋；你穿過橋下以後來到的第一條街，有一個皮革包裝公司。在這條路上遇到的第二個街角，你會看到左右兩邊各有一家銀行。接著你來到下一個街角，在右手邊有一家無線電器材店和一家五金行緊鄰在一起。在過街之前，在你左手邊是一家雜貨店和一家洗衣店。你繼續往前走到第七街，這裡在左手邊街角有一家酒館面對你，右邊是一個蔬果市場；而路的右邊是一家賣酒的店，左邊是一家雜貨店。下一條街是第六街，這裡沒有地標，除了再次從下面穿過鐵路。穿過鐵路後，下一條街是第五街。右邊有一家酒館，右邊對街是一座新的加油站，左邊有一家酒館。等你走到第四街，右邊街角有一塊空地，空地旁邊是一家酒館，右邊面對著你的是一個肉類批發處，肉類批發處對面，在你左手邊，是一家賣玻璃製品的店。接下來是第三街。你走到第三街上會看到右邊有一間雜貨店，在右手邊對街的是一家賣威士忌的店，左

邊是一家雜貨店，雜貨店對街在你的左邊是一個酒館。然後是第二街。左邊有一家雜貨店，左邊過街是一家酒館。右邊過街前，有個賣日常生活用品的地方。然後是第一街，左邊有一家賣肉類的店，對面是一塊空地，做為停車場，右邊是一家服飾店和一家糖果店……

在這段描述當中，我們只看到一兩個視覺的意象：一座「向高處延伸」的橋，或許還有鐵路

圖 13 澤西市的某條街

下方的通道。這位受訪者似乎到達漢米爾頓公園時才開始看到四周環境，然後透過她的眼睛，我們瞥見圍有柵欄的開放廣場，中央有一座圓形表演台，周邊圍著長椅。

還有許多關於難以清楚辨識實體景觀的描述：

幾乎到處都差不多，對我來說看來看去都一樣。我不論往街道哪個方向走，差不多都是一樣的景物，不論是紐華克大道、傑克森大道、貝爾根大道都一樣。有時候你根本不知道要走哪一條街，因為每一條都差不多，沒甚麼可用來區分它們。

如果我走到錦繡大道，要怎麼辨認出來？

看路標。這是你在這個城市裡唯一可以辨認街道的方法。這裡沒有甚麼特別的地方，轉角不過又是另一棟公寓，就這樣。

我們通常都找得到路。你想找就有方法找到。有時候會迷路，可能得花些時間才找到一個地方，但我想最終都還是可以到達你想去的地方。

在澤西市這個相對而言沒什麼差別的環境裡，人們不只依賴地點的用途來辨向，還經常以使用的頻率或結構改變的相對狀況來找路。路標、喬納廣場的大型廣告招牌、工廠，都可說是地標。在這裡，任何開放空間的景觀都深受人們珍視，像是漢米爾頓公園、范沃斯特公園，或佔地特別大的西界公園。有兩次，受訪者用街道的十字路口圍出的小三角形草地做為地標。還有一位女士說，她會在星期日開車到一個小公園，這樣就可以坐在車內欣賞綠地。而且這裡的居民似乎認為醫學中心前方的一小塊空地，跟它碩大的天際輪廓同等重要，都是極易辨識的特徵。

顯然澤西市這個環境的可意象性非常低，從長年居住在此的受訪者的意象可見一斑，也可從他們的不滿、很難辨認方向，以及無法描述或區分出不同的地方看得出來。然而就算是一個如此雜亂的環境，其實也還是有脈絡可循，人們會著眼於細微的線索，並把注意力從具體的外觀轉到其他面向。

洛杉磯
Los Angeles

洛杉磯位於一個大都會地區的心臟地帶，呈現

見圖 14

出與波士頓迥然不同的風貌。這個城市的區域跟波士頓和澤西市的大小差不多，但研究範圍涵蓋頂多市中心商業區及其邊緣。受訪者對這個地區很熟悉，但不是因為住在那裡，而是在那裡的辦公室或店家上班的緣故。圖 14 照前例呈現出我們實地考察的結果。

做為大都會的核心，洛杉磯的市中心充滿了意義與各類活動，這裡有龐大且獨特的建築物，還有基本可循的脈絡，也就是幾近網格狀的街

圖 14 實地考察所繪洛杉磯的視覺形態

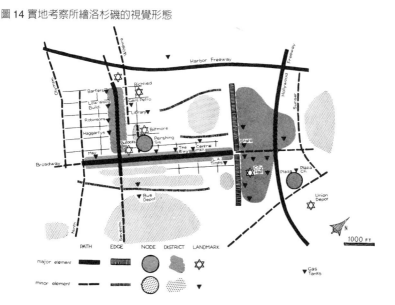

道。然而有一些因素，使得這裡的意象與波士頓的不同，也較不鮮明。第一個因素是大都會地區的去中心化。這裡的中心地區雖然仍被禮貌性稱為「市中心」，但其實還有其他大家常去的核心地區。中心地區有密集的購物街，但已經不是最頂級的店，大多數市民根本很少光顧。第二個因素是網格狀的脈絡本身就難以辨別，在其中很難有自信地選定元素的位置。第三個因素是市中心活動在空間上不斷延伸、轉移，削弱了該區的影響力。除此之外，這裡改建頻繁，也使得因歷史過程建立起的辨識度無法成形。而元素本身儘管不斷企圖顯現得光彩華麗，有時卻也正因為這個緣故，在視覺上反而缺乏特徵。話雖如此，我們現在所觀看的不是另一個混亂的澤西市，而是一個大都會裡生氣蓬勃、生態井然有序的中心地區。

洛杉磯的空照圖可呈現出這幅景象。如果不是特別注意到植栽種類或遠處的背景，這裡就跟多數美國城市的市中心差不多，有著一層一層堆疊的辦公大樓、一模一樣的交通網和停車場。但這裡在意象上的地圖卻遠比澤西市的密集緊湊。

見圖 15，p.58

圖15 從西面俯瞰洛杉磯

這裡意象的基本結構是以珀欣廣場形成的節點，位於百老匯大道和第七街這兩條購物街呈L形的轉彎處。它就全都在網格狀通道的脈絡裡。百老匯大道遙遠的彼端是市政中心區，再往後則是當地人們情感上的重要節點：奧維拉廣場大街。沿著百老匯大道，一旁是斯普靈街的金融區，和它毗鄰的是史奇洛區（大街）。好萊塢高速公路和海港高速公路則看起來像是把L形的兩個開放邊界給圍住。一般人的印象裡，除了不斷擴張延伸的重覆網格以外，最突出的就是大街或洛杉磯街以東，以及第七街以

南的空曠感。這個中央地區可說是處於真空地帶。這個 L 形的中心隨意散佈著讓人印象深刻的地標，最顯眼的就是斯特勒飯店和比爾特摩飯店，其他還有瑞奇菲爾大樓、公共圖書館、羅賓遜百貨公司和布洛克百貨公司、聯邦儲蓄大樓、洛杉磯愛樂廳、市政廳、聯合車站。但其中只有兩個地標被描述得極為詳盡，一個是醜陋的黑色和金色相間的瑞奇菲爾大樓，另一個是市政廳金字塔形的屋頂。

見圖 43，p.240

圖 16 市政中心

見圖 16，p.59

除了市政中心區，可辨識的區域不是很小、呈線形、以通道為邊界（例如第七街的購物區、百老匯大道購物區、第六街的運輸大道、斯普靈街的金融區、大街的史奇洛區），就是很模糊，例如邦克丘和小東京。市政中心的意象最為強烈，因為它的功能明顯、規模大、空間寬闊、建築新穎，而且邊緣明確，很少人不提到這裡。邦克丘雖然有歷史底蘊，意象卻沒那麼鮮明，甚至有些人覺得它「不在市中心」。也的確，這個城市的核心沿著地勢彎彎曲曲，竟然成功地在視覺上掩蓋了邦克丘，著實令人訝異。

見圖 17，p.61

珀欣廣場一直是所有元素當中意象最鮮明的，位於市中心的心臟部位，是個洋溢著異國風情的開放空間，再加上它做為戶外的政治論壇、陣營集會處，以及老人們休憩的場所，又更增強了其意象。除了奧維拉廣場大街這個節點以外（此處有另一個開放空間），珀欣廣場是被受訪者描述得最清楚的元素，它有完美的中央大草坪，周圍先是圍繞著香蕉樹，然後是老人們整齊地排排坐在石牆上，再往外是熙來攘往的街道，最後是成排緊密相接的市區建築大樓。雖然很鮮明，但這幅景象

圖 17　珀欣廣場

並不總是讓人感覺愉悅。有時受訪者會說，
他們害怕那裡行為古怪的老人們，更多時候，
受訪者表現出感傷，而且因為覺得這些人被
邊緣的牆給困住了，無法靠近中央的綠地，
更為惆悵。有些人會把現在的景象跟先前較
為寒傖的廣場做比較：以前的珀欣廣場只有
一小叢樹林，四散著長椅和步行道。然而現
在的中央草地卻令人不快，不只是因為它阻

礙了公園內散步的活動，還因為它讓人根本無法穿越這整個空間。不過，這裡仍是個可辨識性極高的地點，尤其因為有紅棕色的比爾特摩飯店這一顯眼的地標，非常有效地點出了廣場的方位。

儘管珀欣廣場對整體城市意象而言十分重要，它本身的意象卻似乎不明確。廣場與第七街和百老匯大道這兩條主要街道相距一個街區，許多受訪者卻不大確定它確切的位置，只知道個大概。在受訪者想像的路程中，他們似乎是一面走過較小的街道，一面為珀欣廣場配對側邊的街道，這可能是因為它的位置稍微偏離市中心，加上受訪者常常把許多條街道（如以上所述）搞混的緣故。

見圖 18，p.63

百老匯大道大概是這裡所有街道中最不會被錯認的一條街道。它是最初的主要街道，目前仍是市中心最大的購物集中區，特徵包括人行道上摩肩接踵的人潮、綿延非常長的購物商店、電影院，還有街車（其他街道只有公車行駛）。雖然百老匯還算是一個核心地區，不過對大多數中產階級而言卻不是購物的地方。它的人行道上擠滿了少數族裔和低收入戶，他們都住在

中心區邊緣。許多受訪者覺得這個長條形的核心地區是非我族類，有的想避開，有的會好奇或恐懼。而且他們很快就指出百老匯大道上的人們跟第七街上的人是屬於不同階層，第七街即使不算上流，至少是中產階級的購物區。

大體來說，除了第六、第七和第一街之外，有編號的橫向街道很難加以區別，從訪談裡很明顯發現這些通道教人困惑。少數人則會連縱向、

圖 18　百老匯

有名稱的街道都混淆在一塊。尤其是佛洛爾街、霍普街、格蘭德街、奧利弗街這些全都通往邦克丘的「南北向」街道，有時就跟編號的橫向街道一樣，讓人分不清楚。

雖然市中心的街道容易令人混淆，卻鮮少有受訪者在市區迷路。街道尾端的景色，例如第七街的斯特勒飯店、霍普街上的圖書館、格蘭德街上的邦克丘，百老匯大道沿路兩旁不同用途的景物或密集的人潮，似乎都是經常可用來辨別方向。其實除了中央有網格狀街道，無論是由於地形、高速公路，還是網格本身的不規則性，所有街道在視覺上都是封閉的。

見圖 19，p.65

穿過好萊塢高速公路，出現的是意象最鮮明的元素：奧維拉廣場大街這個節點中心。受訪者對這裡的描述非常清晰，包括它的形狀、樹木、長椅、人、磚瓦、「鵝卵石」（實際上是磚）鋪成的路面、狹窄的空間、拍賣的商品、繚繞的蠟燭和糖果香味。這個小地方不僅在視覺上十分獨特，還是這個城市唯一一處真正的歷史發源地，似乎因此讓人產生了強烈的依附感。

圖 19 奧維拉廣場與奧維拉街

然而一旦穿過這個位於聯合車站和市政中心的
地區，受訪者就非常難找到方向。他們覺得通
道網好像消失了，不確定那些熟悉的街道是如
何嵌入這片無以名狀的區域。阿拉米達街詭異
地向左過去，而未與南北向的街道平行。市政
區大規模的空地，似乎抹去了原有的通道網，
卻鮮有新的取而代之。高速公路更是個下沉的
屏障。當受訪者被要求從聯合車站走到斯特勒　　見圖 20，p.66

65

圖 20 好萊塢高速公路

飯店，大多數人見到第一街映入眼簾時鬆了一口氣的聲音，幾乎都可以聽到。

另外，受訪者還被要求描述或形容這個城市的整體性。他們的答案都千篇一律，包括「向外延展」、「廣闊」、「沒有特定形狀」、「沒有中心」。洛杉磯似乎很難被當成一個整體加以視覺化或概念化。受訪者心中最普遍的意象就是無窮無盡的延展，這樣的意象對於居住空

間而言可能帶有一些愉悅的意涵，或者也可能隱含著疲憊、迷失其中的意思。有位受訪者說：

就像你一直朝著某個地方走去，走了很久，等你到了那裡，才發現原來甚麼都沒有。

不過有些證據顯示，在某些區域範圍內，辨向並不太困難。對老一輩的居民來說，在區域內可以用海濱、山脈、丘陵來辨別方向，例如聖費爾南多的山谷區、比佛利山莊等大型開發地區、主要的高速公路和大道系統，以及遍佈整個都會區的歷史痕跡（從因應每個時代而變化的建築結構狀態、風格和類型可明顯看出）。

但在區域這樣的大範圍之下，辨別結構和特徵似乎就難多了。這裡沒有中型區域，而且通道混亂。受訪者說只要走在不是常走的路上就會迷路，非得靠路標才行。在最小的範圍內，偶爾會有特徵和意義鮮明的地方，例如山間木屋、海邊別墅，或植栽層次分明的地區。但這種情況並不常見，結構裡重要的中間連結以及中型區域的可意象性通常相當薄弱。

幾乎在所有訪談中，當受訪者描述他們離家上班的路途時，越接近市中心，他們的印象就越淡。在自家附近，關於斜坡、轉彎處、植栽和往來人們的描述十分詳盡，明顯充滿著日常歡樂與有趣之處。當接近市中心時，這樣的意象就逐漸模糊，變得更抽象和概念化。跟澤西市的意象一樣，洛杉磯的市中心只是有著各種功能和眾多店面聚集的地方。當然這點可能跟人們在主要道路駕車比較緊繃有關，但似乎即使下了車，這種印象依然存在，顯然是因為周遭的景象索然無味，也或許是因為越來越嚴重的煙霧造成的影響。

順道一提，許多居民不約而同地提到討人厭的煙霧，它似乎讓環境的色彩暗沉，變成發白、淡黃或灰灰的色調。一些要開車進市中心的駕駛人說，他們每天早上都會注意遠方瑞奇菲爾大樓或市政廳的能見度，來確認一下煙霧的狀況。

見圖 20，p.66

另一個訪談中都會提到的是行車狀況和高速公路系統，這是受訪者每天都要打的一場硬仗，有時刺激，但多數時候令人緊繃又疲憊。他們的描述裡都是提及要注意交通號誌和路標，注意交叉路口和轉彎處，在高速公路上則是要提

早做決定，而且得常常變換車道。這樣的經驗像是在激流泛舟，同樣刺激緊張，同樣得時時刻刻「保持冷靜」。許多受訪者說，他們第一次開一條新路線時會感到恐懼，得經常注意附近的天橋，遇到大型交流道時則體驗下降、迴轉、爬升的樂趣。對某些人來說，開車是一種充滿挑戰性的高速遊戲。

在這些高速公路上，可以明顯感受出地形的變化。有位受訪者覺得每天早上當她翻越一個大山丘，就表示她已經開到半途了，非常清楚。另一位受訪者則說，這些新建道路擴大了城市的規模，也改變了她對各種元素相互關係的感知。還有人提到在高速公路的上升路段短暫看到的寬廣視野，與在堤防底部單調乏味的景觀形成對比，很有趣。另一方面，洛杉磯也跟波士頓一樣，有開車的受訪者很難在高速公路找到自己身處的位置，也很難把高速公路跟城市結構的其他部分連接起來。受訪者都覺得下了高速公路交流道時會暫時失去方向感。

另外一個受訪者都提及的是城市裡的相對年代感。或許是因為環境中有太多新的、正在改變的事物，人們對於經歷變遷留存下來的一切，

有著近乎病態的依戀。於是，小小的奧維拉廣場大街這個節點，甚至是邦克丘老舊的旅店，都受到了眾多受訪者的關注。從這少數訪談可以看出，這裡的人對老舊事物的依戀感，比保守的波士頓還要強烈。

在洛杉磯還有澤西市，人們都十分喜愛栽種花草植被，這點的確是城裡許多住宅區教人眼睛一亮的地方。從家到工作地點這段路途的一開始，意象充滿著鮮明的花草樹木，即使正在高速行駛的駕駛，似乎也會注意並且享受這些都市裡的小細節。

不過這些描述並非都針對本研究涵蓋的地區。洛杉磯市中心在視覺上完全不像澤西市那麼混亂，也有相當多獨立的建築地標。但是，洛杉磯除了有一個概念上辨識性不高的通道網之外，很難將整個城市視為一個整體來組織或理解。這裡沒有鮮明的象徵，最強烈的意象當屬百老匯大道和珀欣廣場，但卻被中產階級的受訪者視為外來的，或覺得有壓迫感。沒有人形容它們讓人愉悅或漂亮。只有又小又不起眼的奧維拉廣場，以及第七街前段的地標所象徵的購物娛樂區，是唯一讓人產生感情的地方。有

位受訪者說，一端老舊的廣場和另一端嶄新的威爾西大道是唯一有特色的地點，它們象徵著洛杉磯的菁華。洛杉磯的意象似乎缺少了像波士頓市中心那些可輕易辨識的特徵、穩定性和愉悅的意涵。

共同主題

比較這三個城市（如果我們能從這麼少的樣本中發現什麼的話），我們一如預期地發現，人們會適應其周遭環境，並從手邊的材料萃取出環境的結構和特徵。運用於城市意象的元素類型，以及讓意象變強或變弱的特質，在三個城市其實是差不多的，只有元素類型的比例會隨著各城市的真實形態而有所不同。但同時，這三種不同實體環境的辨向難易度和居民的滿意度卻有很大差別。

我們的研究證明了一點，就是空間和視野廣度的重要性。波士頓查理斯河的邊界如此鮮明，見圖 4，p.37是因為它從這一側進入城市在視覺上所形成的豁然開朗。許多的城市元素可以立刻被看出它們的相互關係，一個元素與整體的關係是一目瞭然。洛杉磯市政中心是因為空間寬敞而突出；澤西市的受訪者則會提出從佩利賽德岩壁下

來、面向曼哈頓天際線的景觀。

訪談中，常有人提及眼前景觀開闊時所帶來的愉悅感。有沒有可能在我們居住的城市中，為無數每天穿梭其間的人們營造出這種全景式的體驗呢？寬廣的景觀有時會暴露出混亂，或傳達出無特色的孤寂感，但若全景景觀營造得好，就可以成為都市令人愉悅的泉源。

即便不毛之地或無特定形狀的空間不美觀，卻仍然可以很突出。例如許多受訪者提到，當波士頓杜威廣場經清理和挖掘之後，整個煥然一新，與其他擁擠的都市空間形成明顯對比。但若一個空間具有某種形狀，例如查理斯河沿岸、聯邦大道、珀欣廣場、路易斯堡廣場，或者包括考普利廣場，影響力就大多了，特點就變得讓人過目不忘。如果波士頓的斯科雷廣場跟澤西市的喬納廣場有寬廣的空間，足以與它們功能上的重要性相稱，就一定會成為城市裡的主要特徵。

城市裡的植物或濱水景觀，則是常被帶著關愛與愉悅所提及的城市主要景觀。澤西市的受訪者都非常清楚他們環境裡的綠地很少。洛杉磯

的受訪者常常停下來描述當地五花八門充滿異國風味的植物，好幾位受訪者說他們在上班途中會特地繞道，雖然多走了些路，卻可經過某些特別的植栽、公園或水域。以下這段摘錄是洛杉磯受訪者經常提到：

你穿越日落大道，經過一個小公園，我不知道它的名字。那個公園非常漂亮，還有……噢，藍花楹快開花了。再往前一個街區以外有一棟房子有這些花。然後沿著坎農大道往下走，有各式各樣的棕櫚樹，有高有矮，再往前又到了公園。

洛杉磯是一座適合汽車行駛的城市，訪談裡也經常有許多關於通道系統的生動描述，包括通道系統規劃得很好，與城市其他元素的關係很清楚，還有空間、景觀、行進等內在的特徵。但多數人對洛杉磯的主要視覺意象為通道網以及其影響力這點，在波士頓和澤西市所收集的研究資料也充分地獲得印證。

研究中同樣顯而易見的是受訪者經常提到社經階級，例如他們會避開洛杉磯百老匯大道的「下層階級」，澤西市的貝爾根區被視為「上層階

級」的住宅區，而波士頓的貝肯丘則清楚地劃分了兩個區域。

訪談裡還有另一種常見的回應，就是實體景觀如何表現出時間的推移。波士頓的受訪者常常提到年代的對比，例如「新的」幹道穿過「舊的」市集；阿奇街上的老舊建築中，有一棟新的天主教禮拜堂；老舊、幽暗、有加以裝飾、低矮的三一教堂，在新建的明亮、筆直、高聳的約翰漢考克大樓上映出陰影。這些敘述常常就像對都市景觀對比的一種回應，有空間對比、地位對比、用途對比、年代對比、乾淨程度，或景觀的對比。相對於它們在整體環境的位置，這些元素和特性算是很突出與清晰。

洛杉磯給人的印象，就是環境的流動性和缺乏植基於過去實體的元素，令人感到既興奮又煩惱。當地不論老少居民在描述景象時，都會提到曾經存在但現在已消失的事物。諸如因興建高速公路系統所造成的改變，在受訪者的意象中留下了痕跡。有受訪者說道：

當地人似乎有種苦悶或懷舊之情，可以說是對許多改變的怨懟，或者只是無法快速適應，跟

不上變遷的速度。

像這樣的一般敘述在我們閱讀訪談資料時屢見不鮮。不過仍是可以進一步更有系統地研究訪談和實地考察的資料，來更深入了解都市意象的特徵和結構。這正是本書下一章的任務。

第三章
城市的意象與其元素

似乎任何一個城市都有一個大眾意象,是由眾多個人意象交疊而成;或者說,是有一系列的大眾意象,每個大眾意象都由某一部份居民所共享。一個人若要能在所處環境內行動自如,並且與其他人共處,這樣的大眾意象是有必要存在的。每個人心中建構的環境圖像都獨一無二,當中有些內容很少、甚至從未跟別人交流過,但都會接近大眾意象,只是在不同環境裡,大眾意象可能或多或少比個人意象突出,或者兩者是彼此交融。

本書僅限於探討實體的、可被感知的物體對意象的影響。當然還有其他因素會影響可意象性,例如某個地區的社會意義、功能、歷史,甚至是名稱,但本書將不會談到這些,因為我們的目的是要了解形態本身所扮演的角色。很多人理所當然地認為,在真實的設計中,形態應該

被用來加強意義，而非否定意義。

截至目前為止，本書所研究的城市意象，都是以實體形態為主，而其組成內容可以簡單地分成五類：通道、邊界、區域、節點、地標。事實上，這些元素似乎不斷出現在各種類型的環境意象裡，表示它們的應用是相當普遍（請參考附錄 A）。本書將這些元素定義如下：

1. **通道**。通道是觀察者習慣、偶爾，或未來可能會沿著移動的途徑。它們可以是車道、人行道、大眾運輸幹道、運河、鐵路。對許多人來說，這些通道是他們意象裡的主要元素。人們沿著通道觀察城市，其他環境裡的元素則是沿著通道排列並且相互關聯。

2. **邊界**。邊界是線性元素，但不會被觀察者視為或當做通道。邊界指的是兩個部份的分界、連續的線性中斷處，像是海岸線、鐵路隧道、開發用地的邊界、圍牆，而且是一種側向的參照而非座標軸。這樣的邊界是可以穿越過去的屏障，將一區與另一區隔開來；邊界也可以是接縫，沿線的兩個區域彼此相關且相連在一起。這些邊界元素雖然不像通道那麼突出，對許多

人來說卻是重要的特徵，尤其可以把幾個一般性的地區組織在一起，例如城市周邊有水域或牆面的輪廓。

3. **區域**。區域是城市裡中大型的面積區塊，是一種平面的延伸，觀察者在心理上有進到裡面的感覺，有共同可辨識的特徵。區域可以從內部輕易辨識出來，但如果從外部也看得見的話，則也可做為外部的參考點。多數人多少會用區域來組織自己的城市，至於是把通道還是區域做為城市裡的主要元素，則因人而異。這點似乎不只跟個人有關，也跟整個城市有關。

4. **節點**。節點是一個點，是觀察者可以進入一個城市的重要地點，也是觀察者往來移動的集中焦點。節點主要是連接點、交通運輸的休息點、通道相交或匯集點，亦是從一個結構轉換為另一結構的時刻點。節點也可以僅是一個聚集點，因為做為某種用途或實體特徵的代表而具有重要性，例如街角的聚焦點或一個封閉的廣場。有些這種集中處的節點是某個區域的焦點或縮影，此時這個節點的影響力會擴散出去，成為這個區域的象徵，這樣的節點也可稱為核心。很多節點得天獨厚，既是連接點，又是集

中處。節點的概念跟通道的概念有關，因為連接點通常都是通道的交會處，路途中一個重要的點。而節點的概念也跟區域的概念有關，因為核心往往是區域集中的焦點、集結的中心。不論如何，幾乎每個意象都可找到某些節點，其中有些還會成為意象裡的主要特徵。

5. **地標**。地標是另一類的參考點，只不過觀察者不會進去，而是在外面。地標通常是相當清楚的實質物體，像是建築物、標誌、商店、山巒等等，運用方式是將某個元素從許多可能性中凸顯出來。有些地標在遠處，可以從各種不同的角度遠遠地看到，高於其他較小的元素，可做為一個四面八方的參考點。地標可能位在城市內，也可能位在偏遠地方，因此它們實際的功用是指引一個特定、固定的方向，例如獨立的高塔、金色圓頂、高山。就算是像太陽這種會移動的參考點，只要它移動得夠慢且夠規律，也可以用來當做指引。其他種類的地標則主要是地域性的，只能在特定地點或以特定方式看到，例如各種路標、店面、樹木、門把等都市裡的細節，在大多數觀察者的意象裡無所不在。這些地標經常被用來辨識和了解城市結構的線索，而且當對某路程越來越熟悉，對這

些地標的依賴就越深。

有時觀看的情境不同，對某個特定實體環境產生的意象可能就會有所轉變，例如高速公路對駕車的人來說可能是通道，但對步行者來說則是邊界。或者以一個中型城市來看，它的中心區可能是一塊區域，但若以整個都會區來看，中心區可能就變成一個節點。不過，當一個觀察者僅是在某個層面，這些元素的分類大致是固定的。

真實的世界裡，上述這些元素類型並非單獨存在。區域由節點組織而成，由邊界劃分，其間有通道穿越，其中散布著地標。各種元素彼此交疊穿插。就算本書一開始就將資料分門別類好來討論，最終還是得統整成一完整的意象。本書提供了許多關於這些元素類型的視覺特徵，將在下面進一步探討。稍稍遺憾的是，本書較少著墨於元素之間的關聯性、意象的層級、特質或意象的發展。最後幾項我們將在本章最後進行探討。

對多數受訪者而言，通道是最主要的城市元素，不過通道的重要性跟他們對這個城市有多熟悉有關。對波士頓不熟的人，往往從地形、大區域、大致的特徵和大範圍的方向來看這個城市；稍微熟悉波士頓的人通常會了解通道結構的某個部分，他們比較會考慮特定幾條通道和通道彼此之間的關係；非常熟悉波士頓的人則較會依賴小地標，比較不依賴區域或通道。

除了一般通道，高速公路系統中可能的刺激性和辨識性也不容小覷。一位澤西市的受訪者覺得自己居住的環境沒甚麼值得描述的，但在描述霍蘭隧道時，卻突然眉飛色舞了起來。另一位則敘述了她發現的樂趣：

你穿過鮑德溫大道後，會看到整個紐約市在眼前展開，你會看到雄偉壯觀的峭壁（佩利賽德岩壁）……這裡正前方是下澤西市一整片景觀，當你正往山下走，你會發現：這裡有個隧道，那裡是哈德遜河，還有其他的……我總是會往右看，看能不能望見自由女神像。然後我會抬頭往上看帝國大廈，看看天氣如何……我發自內心感到快樂，因為我正走向一個地方，

我喜歡到不同的地方去。

某些特定的通道會以各種方式成為重要的特徵。例如習慣走的路線想當然耳有最大的影響，所以那些主要通道，像是波士頓的伯爾斯頓街、斯托羅幹道、特里蒙特街、澤西市的哈德遜大道與洛杉磯的高速公路，都是重要的意象特徵。有些實體的交通阻礙物，常使環境結構變得複雜，但有時候卻因為將交通流量集中、導引到少數的路線，反而將結構變得更加清晰，結果這些交通阻礙反倒在概念上令人印象很深。例如貝肯丘像個超大輪盤，提升了劍橋街和查理斯街的重要性；波士頓公共花園凸顯了貝肯街；查理斯河將交通限制在幾條可見度極高的橋上，每座橋形狀各異，無疑使得通道結構變得更加清楚；澤西市的佩利賽德岩壁則將人們的焦點，聚集在三條成功穿越它的街道上。

將特殊的用途或沿街活動聚集，可以在觀察者心中留下深刻印象。波士頓的華盛頓街就是非常好的例子，受訪者不斷把它跟購物和戲院聯想在一起，有些人甚至以為整條街大部分都是這樣，但華盛頓街靠近史黛特街之處已經截然不同，許多人似乎不知道華盛頓街還有除了娛

見圖 30，p.122

樂功能以外的街區，還以為這條街的終點在艾塞克斯街或史都華街附近。洛杉磯也有不少這樣的例子：百老匯大道、斯普靈街、史奇洛區、第七街，這些街道的功能明顯又集中，足以形成長條狀的區域，身在其中的人們似乎會對所遇到的各種活動十分敏感，有時候會跟著人潮走。洛杉磯的百老匯大道人潮擁擠，又有街車，非常好認。波士頓華盛頓街上熙熙攘攘的行人也很有特色。而城南火車站的建築工地或是喧鬧的生鮮市場這一類地面上的活動，也可讓一個地方形成鮮明的意象。

見圖 18，p.63

特殊的空間特性也可以加強某些通道的意象。舉個最簡單的例子，極端寬敞或極端狹窄的街道都容易吸引人的注意，像波士頓的劍橋街、聯邦大道、亞特蘭提大道眾所皆知，就是因為路面極為寬闊。這種寬或窄的空間特性會打破人們普遍認為寬的通道是主要街道，窄的通道是小路的概念，因此人們自然而然就會尋找、信任「大街」（如寬的），像波士頓的通道系統便都符合這樣的認知。狹窄的華盛頓街則是相反的例子，而且華盛頓街另一個方向的對比十分強烈，兩旁聳立的建築和大批人潮更加強了狹窄的感覺，結果這種極端對比的印象反而

83

成為容易辨識的特徵。波士頓的金融區和洛杉磯的格網狀通道可能就是因為沒有特殊的空間特性，而讓人難以辨向。

見圖 21，p.87

特殊的建築立面對於辨識通道也很重要。貝肯街和聯邦大道很容易辨識，部分原因是兩旁的建築立面很特別。通道鋪面的圖樣則似乎沒那麼重要，除了洛杉磯的奧維拉街是個例外。植栽相對而言也不太重要，但大量的植物景觀可以非常有效地加強一條通道的意象，像聯邦大道就是一例。

通道若接近城市中有特色的部分，也可以賦予通道更大的重要性。在這樣的例子中，通道反而扮演了像邊界一樣的次要角色。亞特蘭提大道之所以重要，是因為它和碼頭與港口的相對位置；斯托羅幹道是因為位於查理斯河畔；阿靈頓街和特里蒙特街則是因為旁邊貼著一個公園而獨特起來；劍橋街則是因為邊緣與貝肯丘相接變得十分清晰。另外還有其他因素能讓某些通道的重要性提升，包括通道本身在視覺上一覽無遺，或是透過這條通道，能讓城市裡的其他部分一覽無遺。波士頓的中央幹道很醒目，是因為它的高架穿越整個城市；查理斯河面上

見圖 7，p.43

的橋非常長，也因而特別顯眼。然而位於洛杉磯市中心邊緣的高速公路在視覺上就被隧道或有植栽的堤防遮蔽。不少開車的受訪者都說，他們感覺不到那些高速公路的存在。另外這些駕駛也提到，當高速公路從隧道駛出，視野頓時開闊時，他們的注意力會格外集中。

見圖 20，p.66

有時候通道因為本身的結構而顯得重要。例如，麻州大道對多數受訪者來說只是個結構，難以形容，但它做為許多混亂街道的交會點，使它成為波士頓城市的主要元素。而多數澤西市的通道似乎都有這種純為結構的特性。

如果主要通道缺乏特點，或很容易跟其他通道混淆，整個城市的意象就很難形成，例如波士頓的特里蒙特街容易與肖馬特大道搞混，洛杉磯的奧利弗街、霍普街、希爾街也一樣。另外，很多人常分不清波士頓的朗費羅橋與查理斯河大壩，可能是因為兩者都有大眾運輸路線且最後併入圓環通道。這樣的混淆確實為城市的通道和地鐵系統造成辨識上的困難。例如澤西市很多通道，不論是在實際上還是記憶中，都一樣難找。

一旦通道具有可辨識，也要具有連續性，這點在功能上顯然是必要的。人經常都會依賴這個特點，起碼至少要有真正的交通要道或路面穿過，而其他特點是否具連續性就沒那麼重要了。只要通道有足夠的連續性，人們在城市中就會依賴通道，澤西市就是如此。即使找路還是有點困難，但連初來此地的人都可沿著通道走。而且一般人都認為在一條連續性的路徑上，其他的特徵也是連續的，雖然在現實中常會有改變。

然而連續性的其他因素也很重要。當通道寬度改變，就像鮑丁廣場的劍橋街，或是空間的連續性被打斷了，如達克廣場的華盛頓街，人們就很難察覺同一條通道的連續性。又如華盛頓街的另一頭，建築物用途突然改變，可能就是為何很少人知道華盛頓街其實延續到尼蘭街以外，一直到城南端的原因。

特點可以賦予通道連續性的例子，還有沿著聯邦大道的植栽和建築立面，或沿著哈德遜大道的建築樣式和頂部呈梯形後退的特徵。另外路名也有影響。貝肯街主要位於後灣，但它的名稱和貝肯丘有關；華盛頓街路名的連續性提供

圖 21　聯邦大道

了人們到城南端的線索，即使他們對這個地區一無所知。光是站在街上，看著街道名稱不斷延續至市中心，不論距離多遠，都能讓人因找出它們之間的關聯而感到有趣。一個相反的例子是洛杉磯市中心的威爾西大道和日落大道難以描述的起點，因為它們特點的所在位置實在太遠了。而波士頓港口邊的通道因為由數條街組成，從考塞威大道、商貿大道到亞特蘭提大

道，有時候顯得支離破碎。

通道不只具可辨識性和連續性，還要有指引性，也就是讓一條路線上的某一個方向可以與另一相反方向輕易地區別開來。這可以從某個方向的某些特徵呈現逐漸、規律的變化達成。最常為人們感知的是地形的漸進變化，例如在波士頓，是以劍橋街、貝肯街和貝肯丘尤為明顯。另外像是使用頻繁度的漸進變化，例如前往華盛頓街走的路途也很明顯，或是在一個區域內，例如從洛杉磯的高速公路往市中心走，呈現出時代的變化。在澤西市相對老舊的區域，則有兩個建築物修繕程度漸進變化的例子。

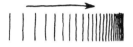

延伸的曲線也是一種漸進變化，是一種移動方向的穩定改變。但這點不常被感覺到。訪談中，受訪者唯一提到身體感覺出彎曲移動的是波士頓的地鐵，還有就是洛杉磯高速公路的某些路段。當受訪者提到街道有彎曲時，似乎主要都是靠視覺線索，像是他們之所以察覺到貝肯丘的查理斯街的轉彎處，是因為靠近他們的建築物牆面凸顯了街道彎曲的視覺感知。

人都喜歡去想通道的終點和起頭是哪裡，也就

是說，他們想知道，路是從哪來、往哪去。擁有清楚、知名起點和終點的通道有較強的辨識性，有助於將整個城市連接起來，讓觀察者不論何時經過時，都知道自己的方位。有些受訪者所認為的通道終點是城市的某個部分，而有些人則會想到特殊的地點。有位受訪者對於城市環境的理解度要求極高，結果很困擾，因為他看到一堆鐵軌，卻不知行駛其上的列車會通向何方。

波士頓的劍橋街有著非常清楚、重要的終點：查理斯街圓環和斯科雷廣場。其他街道可能只有一個清晰的終點，例如聯邦大道止於波士頓公共花園，聯邦街止於郵局廣場。另外，像華盛頓街的終點不明顯，結果有人以為它止於史黛特街，有人以為是達克廣場、海瑪凱特廣場，甚至是城北火車站（但它實際通往查理斯頓橋），使得它無法成為一個鮮明的特徵。在澤西市，有三條穿越佩利賽德岩壁的主要街道看似將會匯集，卻從末真正交會，再加上最後不知為何就沒了，也因此讓人極度困惑。

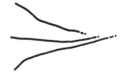

這種通道起點的差異化，是可以藉由其他元素來達成，這樣的元素在接近通道終點處可以看

見圖 32，p.127

到，或者終點本身就很明顯，例如靠近查理斯街一端的波士頓中央公園和貝肯街底的州議會都是如此。洛杉磯第七街底端有斯特勒飯店，形成明顯的視覺終點，波士頓華盛頓街的底端則有老南聚會所，也有一樣的效果，兩者的底端皆稍稍偏離原本通道的方向，在視覺軸線上有一棟重要的建築物。另外，若一條通道的某一側有甚麼著名的元素，也能提供方向感，例

見圖 18，p.63

如麻州大道的交響樂廳和沿著特里蒙特街的波士頓中央公園。在洛杉磯，連百老匯大道西側較擁擠的人潮，都可用來確認自己現在是面向哪個方位。

當通道有了方向性，就可能會有可度量性，意即一個人可以知道自己位在整段通道的甚麼地方，已走了多少距離，還有多遠。通常能提供度量性的特徵也能提供方向感，除了數街區這種簡單的方法，雖然這樣無法得知方向，但仍可用來計算距離。有不少受訪者都說到算街區這個方法，而這個方法在網格狀街道的洛杉磯最常被使用。

或許最常見的度量方法，是用通道沿路上一系列知名的地標和節點，在一條通道進入或離開

可辨識區域時若有清楚的標的物可參考，也可
有效用來指向和度量距離，例如查理斯街從波
士頓中央公園進入貝肯丘，桑默街在通往城南
火車站的路上會進入製鞋皮革區，都有這樣的
效果。

通道有了指向性後，我們接著會問這個方向是
否能與較大的系統互相參照。波士頓有許多沒
有融入系統的通道，原因是這些路有許多微小
的、易誤導人的轉彎處。許多人會錯過麻州大
道在法爾莫斯街的轉彎處，結果把整個波士頓
的地圖都搞錯了。他們以為麻州大道是筆直的，
與許多街道垂直，而且他們假設這些街道都彼
此平行。伯爾斯頓街和特里蒙特街也很難認，
因為有許多細小的不同處，讓它們從幾乎平行
變成幾乎垂直。亞特蘭提大道也難以掌握，因
為它有兩個很長的彎和一條非常直的切線，這
條路兩端的方向完全相反，但在其最有特色的
區段是筆直的。

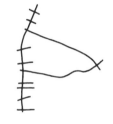

突然的方向改變則可能提高視覺清晰度，因為
限制了空間上的延伸感，並且為獨特的結構提
供了突出的地點。華盛頓街的核心就是一例；
漢諾威街則在清楚的那端有一座古老的教堂；

城南端交叉的街道不斷轉向，和主要放射狀道路相交，則感覺很緊密。同樣地，洛杉磯市中心道路格網的轉變處阻礙了向外的視野，讓人感受不到市區的開闊。

第二個使得城市通道沒有融入系統的原因，是通道與周遭元素有明顯的區隔。例如波士頓中央公園的通道就十分令人困惑，人們不確定要走哪條步道才能到達公園外的某個地方，他們在公園內看不到通往外部的地點，而且公園內的通道也無法連上公園外的通道。中央幹道是個更好的例子，它與周遭環境更是沒什麼關係。這條幹道是高架的，而且讓人看不清楚鄰近的街道，卻能讓人享受一種在城市內體會不到的疾速、不受打擾的瞬間。中央幹道是條特殊的汽車用道，而非一般城市街道。很多受訪者雖然知道它連接了城南和城北火車站，卻無法將它與周遭元素連起來。在洛杉磯也一樣，人們覺得高速公路不在城市「裡面」，下出口交流道時往往給人一種強烈的迷失感。

見圖 7，p.43

曾有研究探討在新建高速公路上設立方向指示牌的問題，結果顯示，高速公路這種與周遭環境沒有連結的感覺，會讓駕駛每次決定轉彎時

都備感壓力，也無法事先有足夠的準備。即使經驗豐富的駕駛都對高速公路系統和相關的連結不甚了解，這頗教人驚訝。他們最需要的，是在高速公路上對整體景觀的方向感。

鐵路線和地鐵則是另一種和周遭環境無法連結的例子。受訪者覺得波士頓路面下的地鐵和環境其他部分無關，只有當地鐵從地底穿出到地面上時才感覺有了連結，例如地鐵在過河時。地鐵站在地表的入口或許是城市裡的重要節點，但它們是沿著一條看不見的概念性線條串連起來。地鐵似乎是個疏離的地下幽暗世界，要用甚麼方法將它與整個環境的結構契合起來，是個值得深思的問題。

見圖 29，p.120

環繞波士頓半島的水域是這個城市其他部分可用來加以連結的重要元素，例如後灣的格網狀道路與查理斯河有關；亞特蘭提大道與碼頭相連；劍橋街明顯地從斯科雷廣場通往河邊。澤西市的哈德遜大道雖然九拐十八彎，但在哈肯薩克和哈德遜之間的路段卻與狹長半島連結起來。洛杉磯的格網狀道路也為市中心街道提供了連結功能。儘管各個街道不容易區別，街道地圖的基本輪廓卻很容易畫出。有三分之二的

受訪者都是先畫出道路網，再加上其他元素。但其實這個道路網與濱海沿線和主要道路方向呈一定角度，造成某些受訪者辨向困難。

只要有一條以上的通道，通道交會點就格外重要，因為這裡是人們做決定的地方。單純的垂直相交最容易處理，尤其如果這個交叉口還有其他特徵，就更清晰易辨。根據訪談結果，波士頓最著名的交叉路口是聯邦大道和阿靈頓街，這裡在視覺上呈明顯的 T 字形，加上周遭的空間、植栽、交通和其他重要的元素，因而廣為人知。另外查理斯街和貝肯街的交口也很有名，主要是因為波士頓中央公園和波士頓公共花園的邊界，將道路輪廓襯托得格外清楚。另外還有眾多與麻州大道相交的街道，都很容易讓人理解，可能因為它們都呈直角相交，與市中心其他部份形成強烈的對比。

事實上，一些受訪者認為波士頓最顯著的意象中，有一項就是眾多街道以不同角度相交，令人眼花撩亂。基本上只要有四個以上的點，就會出問題。有一位經驗老到的計程車調度員，對城市通道結構瞭若指掌，但他不得不承認，桑默街的格林教堂附近有一處五條道路的交會

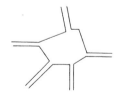

處，是整個城市裡最困擾他的兩個地點之一。另一處是一個圓環，許多間隔極近的通道在這裡匯集，而圓環從哪個角度看都不太容易區別。

事實上，交會的通道數量並不是關鍵點。即使是非垂直、有五條通道匯集的交叉口，還是可能處理得很清晰，例如波士頓的考普利廣場。其受限的空間和特色鮮明的節點，都有助於突顯杭亭頓大道和伯爾斯頓街呈何種角度關係。帕克廣場則相反，簡單的垂直交會點毫無形狀可言，反而無法突顯結構。波士頓有許多交會點不僅有多條通道匯集，而且當這樣的交會點遇到雜亂、空曠的廣場，空間延伸的連續性也會消失。

這些雜亂的道路交會處並不只是過去歷史造成的結果。當代的高速公路尤其因為速限提高，使得切換車道更令人暈頭轉向。不少澤西市的受訪者就是以恐懼的口吻描述托內爾圓環。見圖22，p.96

當一條通道稍微分支出更小的通道，而且兩條通道的重要性相當時，就會產生更大的感知問題。一個例子是斯托羅幹道（與查理斯街名混淆後改名）分岔成兩條通道，較老舊的那實瓦

街通往考塞威大道－商貿大道－亞特蘭提大道，較新的是中央幹道。這兩條路經常被混在一起，在意象中常常造成混淆。所有的受訪者似乎都無法立即辨認出這兩條通道，他們所畫的地圖上總會只有其中一條從斯托羅幹道延伸出來。類似的情形還發生在地鐵系統，如果主線不斷分支出去會造成問題，很難清楚區分兩條稍微岔開的支線，也很難記得支線是從哪裡岔開的。

圖 22 托內爾圓環

某些重要通道即使有些微的不規則，只要它們彼此之間有一致的關係，就可以被視為一個簡單的架構。不過波士頓的街道系統無法形成這樣的意象，大概只有約略平行的華盛頓街和特里蒙特街可以。反倒是波士頓的地鐵系統，不論實際上有多繁雜，似乎都能相當容易地看成兩條平行線，從中被劍橋－多契斯特線一分為二。只是這兩條平行線容易彼此混淆，因為兩條線都通向城北火車站。洛杉磯的高速公路系統似乎也可以被看成一個完整的結構。在澤西市則有哈德遜大道與穿過佩利賽德岩壁的三條通道相交，形成一個系統，以及西界、哈德遜和貝爾根大道這三條一組的道路系統，因為在其間有規則的交叉口街道，都可輕易在意象中形成簡單的架構。

在受訪者習慣開車移動的地方，單行道的限制會使得用路人對通道結構的意象變得複雜。之前提到的計程車調度員，它的第二個會混淆之處，就是通道系統的單向性。例如華盛頓街在達克廣場上找不到起點，因為它都是單行道。

若許多街道之間的關係一直十分規律、可以預期，則這些街道可被視為一整個網絡。洛杉磯

的格狀道路網就是很好的例子。幾乎每位受訪者都可輕易地畫出二十幾條主要通道，而且彼此之間的關係都很正確，但也因為太規律，讓他們很難辨別這些通道。

波士頓的後灣則是一個有趣的通道網絡，規律得驚人，與市中心其他地方形成強烈對比，這樣的情況在美國多數城市中很少見。不過這種規律性並非毫無特色。所有受訪者都認為這裡的縱向街道與橫向街道差異很大，就像曼哈頓的道路一樣。縱向街道各有特色：貝肯街、馬爾波羅街、聯邦大道、紐伯里街，條條各異；而橫向街道則用來度量。縱向與橫向兩個街道系統路寬不同，街區長度、建築正面外觀、命名方式、道路長度、道路數量、功能的重要性都不同，更加強了兩者之間的差異。如此一來，規律就有了形態和特色。橫向道路用字母命名的方式還經常被用來定位，就跟洛杉磯用數字命名街道一樣。

見圖 23，p.99

然而在波士頓的城南端，地勢景觀雖然與後灣相同，狹長筆直的主要縱向道路彼此平行，中間與短的次要道路相交，受訪者卻經常將它們視為一個規律的道路網，其脈絡並不如城北端

圖 23 後灣

明顯。這裡的主要道路和次要道路也是依路寬
與功能用途區分，許多次要道路比後灣的還更
具特色，但主要道路卻沒有明顯的特徵差異，
例如哥倫布大道與特里蒙特街或肖馬特街都差
不多。訪談中經常聽到受訪者將這些道路搞混。

從訪談中可以發現，受訪者傾向將某種規律加
於自己的周遭環境上，因此他們經常將城南端

簡化成一個幾何系統。除非有明顯的事實加以反駁，否則受訪者會試圖將通道組織成幾何網絡，忽略其轉彎處和非呈垂直的交叉路口。例如澤西市的下半部儘管只有一部分呈網格狀，受訪者卻經常把整個區域畫成網格狀；另外，受訪者也常把整個洛杉磯市中心視為一個有重複性的網絡，完全不受彎彎曲曲的東邊邊界打亂；還有幾位受訪者甚至堅持把波士頓金融區的道路迷宮簡化成棋盤狀！把一個網格系統變成另一個網格或非網格系統，這樣突然而且很難覺察到的轉變其實會讓人困惑，像洛杉磯的受訪者便經常在第一街北邊或聖佩德羅以東的區域迷失方向。

邊界

邊界是不會被視為通道的線形元素，通常是兩種區域的交界處，但也有例外。邊界主要做為側向的參照，在波士頓和澤西市很明顯，在洛杉磯則較不清楚。那些看起來鮮明的邊界不僅在視覺上佔主導地位，形態上也具連續性且無法穿越。波士頓的查理斯河就是最好的例子，擁有所有上述特徵。

前面已提過波士頓被定義為半島的重要性。
十八世紀，當這個城市明顯是一個真正的半島
時，這點一定更為重要。從那之後，海岸線已
逐漸消失或改變，但半島的意象仍留存著。至 見圖 4，p.37
少有一項改變加強了這幅意象：查理斯河沿岸
原本為沼澤死水，現在則整治與開發得很好。
受訪者經常詳細描述或畫出來。每個人都記得
這裡寬廣的開放空間、蜿蜒的河岸、沿岸的高
速公路、船隻、河濱大道、露天劇場。

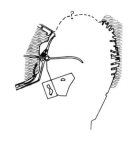

另一側的濱水邊界區也為人所熟知，尤其是當
地的特殊活動。但人們對水的感受較不深刻，
可能因為河水被眾多建築物擋住，而且老碼頭
區的活動已逐漸淡出市民的生活。多數受訪者
都無法將查理斯河與波士頓碼頭具體地聯想在
一起，部分原因想必是半島頂端處的水面受到
鐵路站和建築物的掩蔽，另一部分原因是水面
本身就很紊亂，在查理斯河和米斯蒂克河匯入
大海的交界處有數不清的橋樑和船塢。加上缺
乏河濱通道、水壩處的水位落差，都破壞了水
面的連續性。往西，很少人意識到南灣有水的
存在，也想不出這個方向有甚麼開發建設。由
於波士頓半島邊界沒有封口，便剝奪了市民對
這個城市有一種完整、合理的滿足感。

101

見圖 7，p.43

中央幹道則是行人無法到達，在某些點無法通行。雖然空間上十分顯眼，卻只能偶爾被看見，堪稱為一種破碎的邊界：也就是理論上是連續的，但只能在幾個不連續的點上見到。鐵路線是另一個例子。中央幹道就像條蛇般蜿蜒盤踞在城市意象中，除了兩端和中間一兩個點以外，其他都是從一站彎轉、扭曲到下一站。在中央幹道上行駛時感受不到連結感，就跟行人對它的定位很模糊一樣。

斯托羅幹道則不同，雖然駕駛人認為它位在城市「之外」，但因為它沿著查理斯河走，在地圖上的位置很清楚。反倒是查理斯河，雖然它是波士頓意象裡的主要邊界，但有趣的是，它與相鄰的後灣在結構上是分開的，人們不知道該如何從一處移動到另一處。我們猜測，在斯托羅幹道從每條橫向街道底部阻斷了行人通行之前，並不會這樣。

同樣的查理斯河和貝肯丘之間的關係也很難被掌握。儘管貝肯丘的位置或許可以解釋為什麼河道的拐彎處令人困惑，而且貝肯丘還處於河岸縱向景觀的制高點，但對多數受訪者而言，查理斯街圓環似乎是查理斯河和貝肯丘之間唯

一牢固的聯繫。如果山丘從水面陡然升起，而
非受到河岸邊各種用途的建築物所遮掩（這些
建築與貝肯丘似乎並沒甚麼關聯），或者如果
貝肯丘與河岸邊的通道系統關係更密切的話，
查理斯河跟貝肯丘之間關係就會清楚許多。

澤西市的水域區也是一條鮮明的邊界，但卻是
無法接近的地區。這裡是無人之地，還有鐵絲

網圍住。在澤西市，鐵路、高速公路、區域邊緣等等的各種邊界都是這裡環境的獨特之處，而且這些邊界大多把整個城市劃分得支離破碎。一些最令人不舒服的邊界，例如哈肯薩克河岸的焚化廠，幾乎大家都想遺忘。

邊界的瓦解力是不容小覷的。不論是波士頓居民還是非當地居民，波士頓的中央幹道將城北端孤立起來是十分明顯，但如果漢諾威街和斯科雷廣場的連結沒有因此受到破壞，這種孤立感勢必會減弱許多。另外，拓寬後的劍橋街破壞了原本連續的城西端和貝肯丘；而波士頓的鐵路線就像一道寬闊的裂縫，將整個城市支解開，孤立出後灣和城南端之間「被遺忘的三角地帶」。

邊界的連續性和可見性雖然重要，但鮮明的邊界不見得都無法穿越。許多邊界是兩區接壤的縫線，而非加以孤立的屏障，觀察這種效果上的差異是十分有趣。波士頓中央幹道看起來是將城市切開、加以分離。寬敞的劍橋街明確劃分出兩個區域，但在視覺上保留了兩邊的關聯性。貝肯街沿著波士頓中央公園，是貝肯丘一個清晰可見的邊界，不是做為屏障，而是一條

接縫，明顯地將兩個主要地區接在一起。貝肯丘山腳下的查理斯街既有分割又有接合作用，使得下半部區域和上頭山丘之間的關係不太明確。查理斯街交通繁忙，但仍有與貝肯丘相關的當地商家和特殊活動，並藉由吸引居民前來將大家凝聚在一塊。對不同的人、在不同時間，查理斯街模稜兩可地既是一個節點、一個邊界也是通道。

見圖 57，p.269

的確，邊界往往也是通道。當邊界是通道，而且一般觀察者可以在這條通道上移動時（例如在中央幹道上），交通流動似乎是主要意象。邊界這個元素通常便會被視為通道，只是特別再加上分界線的特點。

費加羅街、日落大道、還有勉強算入的洛杉磯街和奧林匹克街，通常被視為洛杉磯中央商業區的邊界。有趣的是，它們做為邊界的意象比好萊塢高速公路和海港高速公路來得鮮明，也可被視為主要的邊界，只是做為通道的重要性更高，而且存在感更強烈。然而費加羅街和其他平面道路在概念上是道路網的一部分，並且長久以來人們對它們已熟悉，加上高速公路所處位置較低，或者被植栽遮蔽而不易被看到，

都造成這些高速公路不存在於人們的意象中，許多受訪者無法將高速公路和城市結構的其他部分聯想在一起，就跟波士頓的案例一樣。在受訪者的想像路程中，甚至會略過好萊塢高速公路，當它不存在似的，顯示高速公路並不是在視覺上劃定中心區域界限的最好方法。

澤西市和波士頓的高架鐵路可被稱做空中邊界。在波士頓，從下往上看沿著華盛頓街建置的高架鐵路，就可辨別出通道，並修正前往市中心的方向。但當它在百老匯與華盛頓街分離時，這條通道就失去指向功能和力道。當有一些這樣的邊界在空中盤旋交會時，可是會讓人頭昏眼花（像在城北火車站附近）。不過空中邊界在地面上不是屏障，未來也許會成為城市裡重要的指向元素。

邊界也可能跟通道一樣有指向性，例如查理斯河這個邊界就可輕易指出兩側城市與水域的不同，而貝肯丘則又構成了兩端的差異。不過多數邊界並沒有這樣的特性。

而提到芝加哥，很難不讓人聯想到密西根湖。若可以知道有多少芝加哥居民在畫自己的城市

地圖時，不是先從這條湖濱線開始，一定很有趣。密西根湖就是一個顯而易見的邊界實例，面積龐大，可以看到整個都會區的景觀，雄偉的建築、公園、小片的私人湖濱區遍佈幾乎所有湖岸地帶，大部分都是可達及之處，而且景觀完全未受遮蔽。沿岸形形色色的活動各有不同，差異甚大，側向景觀之寬廣令人嘆為觀止，再加上通道和活動密集，邊界的範圍相當大，甚至很粗糙，還有眾多開放空間穿插在城市與水域之間（像盧普區），使得從湖面所見的芝加哥景象令人難忘。

見圖 24，p.103

區域

區域是觀察者從心理層面覺得可以走進去、面積相對較大的城市地區。這些區域有些共同特徵，包括可從內部辨識出來，以及當一個人經過或前往時，偶爾還可被做為外部的參考點。許多受訪者特別提到，波士頓的通道系統雖然混亂，連長年居住的市民都搞不清楚，但有一些特色各異的區域，彌補了通道系統不佳的缺點。有位受訪者說：

波士頓的每個區域都不一樣，你能很清楚知道

自己人在哪裡。

澤西市也有自己獨特的區域，但主要是以種族或社會階級區分的區域，較少實體的區分。洛杉磯則除了市政中心以外，明顯沒有清楚的區域，最稱得上是區域的地方，是呈線形、沿街道的金融區。許多洛杉磯的受訪者會語帶遺憾地說，若自己住在一個特色鮮明的地方會有多好。一位受訪者說：

我喜歡運輸大道，因為那裡該有的都有。這最重要，其他的都還好。交通運輸的要道就在那裡，而在那裡工作的人都擁有這個共同點，我喜歡這樣。

當問到哪個城市是受訪者認為最能提供方向感的，有人提到一些城市，但紐約是大家都會提到的（指曼哈頓地區）。不過大家會提到紐約，不是因為道路網，洛杉磯也有道路網，而是因為紐約有許多特色分明的區域，分布在由河流和街道所構成的井然有序的框架裡。有兩位洛杉磯的受訪者甚至覺得曼哈頓比洛杉磯市中心還「小」！可見一個地方的結構是否容易掌握，能夠影響人對空間大小的概念。

在某些波士頓的訪談中，我們發現區域是城市意象的主要元素。例如當有位受訪者被要求從范紐爾大廳走到交響樂廳時，他馬上回答是要從城北端走到後灣。但即使部分居民不會刻意用某區域來辨向，區域依然是波士頓居住體驗中極為重要且令人滿意的一部分。隨著對這個城市越來越熟悉，各個區域的辨識程度也會稍有不同。對波士頓最熟悉的人可能會辨別出各個區域，但更依賴以小型元素來組織和辨向。而一些對波士頓瞭若指掌的人則無法將細部的感知歸納成區域，也就是他們能感知此城市各個部分的細微差異，卻未以區域來將元素歸類。

主體的連續性決定了區域的實體特徵，這可能包括各式各樣的組成元素：包括紋理、空間、形態、細節、象徵、建築物類型、用途、活動、居民、維護程度、地形等等。在像波士頓一樣建築密集的城市，建築立面是否有同質性（包括建材、樣式、裝飾、顏色、天際線、尤其是窗戶的樣貌），是辨識主要區域的基本線索。貝肯丘和聯邦大道都是很好的例子，它們不僅有視覺線索，還有聲音。其實有時連混亂感也可以是線索。有位女士說，她只要一感到迷路了，就知道自己是到了城北端。

見圖 55，p.267

通常具代表性的特點都是一組一組地被辨識與留下印象，也就是所謂的主題單元。例如貝肯丘的意象中，包括有陡峭狹窄的街道；大小剛好的連棟古老牆屋、頂部呈梯形、維護良好的白色門廊；黑色裝飾邊；鵝卵石砌和磚砌人行道；安靜；上流社會的行人。這樣組成的主題單元與城市其他部分形成鮮明對比，立即就可被辨認。在波士頓市中心的其他部分，有些主題單元則容易混淆，例如後灣和城南端，它們儘管在用途、地位、脈絡方面都有很大差別，卻常被混為一談。或許是這兩者在建築上有某些同質性，加上歷史背景相似的緣故。然而這樣的相似性卻會模糊城市的意象。

而要營造強烈的意象，就需要有一定程度地強化線索。常常遇到的狀況是，有一些獨特的符號，但不足以成為完整的主題單元。結果這樣的區域可以被熟悉的人辨識，卻缺乏視覺上的力道和影響力。例如洛杉磯的小東京區，是能被那裡的居民辨識，也可以從招牌的字體來辨認，其他方面則無法與城市其他區域區別。雖然或許很多人都知道這裡是某個種族的聚集區，但在意象中依然僅是整個城市的附屬部分。

而社會意涵對於營造區域也是相當重要。從街頭訪談中可以發現，許多受訪者會將社會階級與區域聯想在一起。多數澤西市的區域都是以社會階級或種族來劃分，外地人很難分辨得出。澤西市和波士頓都表現出對上層階層區域的高度關注，那些區域內元素的重要性也因此格外顯著。甚至當主題單元無法與城市其他地方形成強烈對比時，區域名稱也有助於賦予不同區域不同的特點，另外傳統的聯想方法也有類似的功用。

當成為一個區域的主要條件都符合了，也具備一個主題單元，和城市其他地區的主題單元截然不同，那麼區域內部的同質性高低與否就不那麼重要了，尤其是當不協調的元素以可預期的規律性出現時更是如此。例如貝肯丘上街角的小店形成一種韻律，這是其中一位受訪者所感知到的一部分意象。這些小店非但沒有削弱她認為貝肯丘是非商業區的意象，反而加深。換言之，觀察者可以忽略大量當地與主要特徵不協調的元素。

見圖 57，p.269

區域有不同的邊界，有些邊界嚴格、明確而具體，例如所有受訪者一致指出，後灣在查理斯

見圖 25

河或波士頓公共花園的邊界就是此類。有些邊界則較柔和、模糊，例如市中心購物區和辦公區的界線，多數受訪者得親自確認這個邊界是否存在，還有其大概的位置。還有些區域完全沒有邊界，例如許多受訪者就認為城南端沒有邊界。圖 25 就以波士頓為例，標示出不同的邊界特性，勾勒出每個區域的最大範圍，以及一致公認的區域核心。

這些邊界似乎還有個次要作用：它們或許是為了區域設定界線，而且加強了其特徵，但顯然無法建構區域。邊界也許反倒助長區域凌亂地

圖 25 波士頓區域的各種邊界

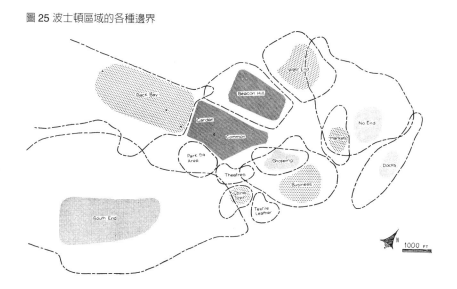

分割城市的趨勢。有些受訪者覺得，波士頓有
太多鮮明的區域，使得城市混亂，也就是說，
鮮明的邊界，阻礙了一個區域過渡到另一個區
域，因而加深了混亂的印象。

這種有明顯的核心、周圍有主題單元卻逐漸向
外減弱的區域不算少見。事實上，有時候一個
明顯的節點或許可以在一個廣大的同質地區內
創造出一種區域，以節點為中心，向外呈「輻
射狀擴散」，也就是因為靠近節點而形成一個
區域。這些區域主要是參照區，少有可被感知

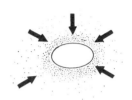

圖 26 市場區

的內容，不過在組織概念時倒十分有用。

波士頓有些知名的區域在大眾意象裡是毫無結構可言。例如許多人認得城西端和北端，但卻分不清楚兩者的差異。甚至常常連市場區這種主題鮮明的區域，不論外部、內部都沒什麼特點。市場區的活動帶來的感官體驗是會令人難忘的。范紐爾大廳和其附屬建物又加強了這種感受，但是這個區域卻毫無形狀可言，向四處蔓延，被中央幹道切開，還有范紐爾大廳和海瑪凱特廣場兩個活動聚集中心爭相引人注目，干擾了這個區域的形狀。達克廣場的空間也很混亂，與其他區域的連接不是模糊不清，就是受到中央幹道的阻斷，導致市場區在多數人的意象裡是不具體的。位於波士頓半島頂端的市場區並未像遠處的波士頓中央公園一樣，扮演著連結不同區域的角色，而是個髒亂的屏障區。貝肯丘則相反，井然有序，內部次區域分明，有個節點在路易斯堡廣場，還有各種不同地標和成形的通道網。

而有些區域比較內向，自顧自的，與本身以外的城市少有瓜葛，例如波士頓的北端和中國城。也有些區域外向，與周遭元素相連，例如波士

見圖 26，p.113

關於貝肯丘的詳細討論請見附錄 C

圖 27 邦克丘

頓中央公園的內部通道雖然錯綜複雜，卻清楚
地與眾多鄰區相接。洛杉磯的邦克丘則是個有
趣的例子，這個區域的特徵鮮明，歷史悠久，
座落於清晰的地勢上，比貝肯丘還要接近城市
市中心。不過整個城市包圍著這個元素，辦公
大樓掩蓋了它的地形邊界，切斷了通道間的連
結，使得這座山丘在城市意象中淡化，甚至消
失。這就是一個改變都市景觀的絕佳機會。

見圖 27

有些區域獨立存在於自己所處的領域。基本上
澤西市和洛杉磯的區域都是這樣，波士頓的城
南端亦是如此。有些區域則連在一起，例如洛
杉磯的小東京和市政中心，或波士頓的西端－

貝肯丘。在波士頓市中心某一部分，包括後灣、中央公園、貝肯丘、市中心購物區、金融區和市場區，這些區域靠得非常近，足以形成一個由各色地區組成的拼貼圖。只要在這些範圍內，不論走到哪，都身在辨識度高的區域。又因為區域之間對比明顯，距離極近，更加強了每塊區域的主題強度。例如貝肯丘的特色就因為鄰近廣場和市中心購物區而格外鮮明。

節點

節點是觀察者可以進入的重要焦點，通常是通道交會點或某些特徵的匯集處。雖然概念上，節點只是城市意象裡的一小點，但在真實世界裡可能是很大的廣場或延伸成長條形，或者當以一個很大的範圍來看待城市時，可能整個市中心區域都是一個節點。而若從一整個國家或整個世界的尺度來看，連一個城市都可視為一個節點。

連接點或交通中繼點對城市觀察者而言是極為重要，因為人必須在連接點做決定，因此在這些地方就會特別提高注意力，對周遭元素的感知也就格外清晰。位於連接點的元素會自動被

圖 28 查理斯街圓環

視為在當地有特殊性的重要性，這種傾向已不
斷被確認。而這種地點在感知上的重要性，還
會以另一個方式表現出來。當受訪者被問到，
在他們平常經過的路途上，到了哪裡會有抵達
波士頓市中心的感覺，有許多人都特別指出交
通的中繼點是關鍵點。有些人所指的交通中繼
點是高速公路（斯托羅幹道或中央幹道）轉為
市區道路的地方，還有人說是波士頓的第一個
火車站（後灣車站），雖然那位受試者並沒有

在那裡下車。澤西市的居民則覺得，一旦穿過了托內爾大道圓環，就是離開城市了。從一種交通管道轉換為另一種交通管道時，似乎標誌著主要結構單元間的轉換。

見圖 28，p.117

斯科雷廣場、查理斯街圓環、城南火車站都是波士頓鮮明的節點。查理斯街圓環和斯科雷廣場之所以是重要的節點，是因為到了這點就到了貝肯丘這座屏障的側邊，所以兩者都是交通轉換點。圓環本身並不漂亮，卻清楚傳達出河川、橋樑、斯托羅幹道、查理斯街、劍橋街的轉換，而且，寬闊的河面、高架車站、火車在山坡上駛進駛出、車水馬龍，一切都清楚地盡收眼底。節點即使實際的形態毫不起眼，仍是

見圖 11，p.49

很重要，就像澤西市的喬納廣場。

地鐵站沿著無形的通道系統串成一線，也是重要的接合節點，像派克街、查理斯街、考普利廣場和城南火車站在波士頓的地圖上都相當重要，有些受訪者會圍繞著這些節點來組織城市

見圖 29，p.120

的其他部分。多數這些大車站都有主要的地面特徵，而麻州車站則較不突出，可能是因為這些特定的受訪者鮮少使用這個轉乘站，或者因為它的實際環境不討喜，不僅外觀無吸引力，

這個地鐵節點和道路交叉口也無關係。這些車站本身有許多獨特的特色，有些容易辨識，例如查理斯街站，有些則難以辨識，像是米坎尼克街站。在結構上，多數車站都很難與其上的地面聯想在一起，有些則像華盛頓街站的上層月台，完全沒有方向性，特別容易令人困惑，若是可以更仔細地分析地鐵系統或一般運輸系統的可意象性將會很有用，也很有趣。

主要的火車站儘管重要性正逐漸減弱，卻幾乎都是城市內重要的節點。波士頓的城南火車站是城裡最顯眼的節點之一，對通勤者、地鐵乘客、在城市間的旅行者來說有著重要的功能；而且它雄偉的門面正對著杜威廣場的開放空間，十分醒目。如果本書研究範圍包括機場的話，機場一定也是重要的節點。理論上，甚至連普通街道的交叉口都可以是節點，但通常這樣的節點在意象裡不夠突出，頂多只能算是兩道路偶然交會之處。而意象是不能承載過多的節點中心。

另一種節點是主題匯集處，這也很常見。洛杉磯的珀欣廣場就是一個明顯的例子，稱得上是城市意象中最鮮明的節點，有著非常具代表性

見圖 17，p.61

圖 29 地鐵的幽暗世界

見圖 30，p.122

的空間、植栽和活動。奧維拉街和與之相連的廣場是另一個例子。波士頓也有許多例子，像是喬丹－菲萊納轉角和路易斯堡廣場。喬丹－菲萊納轉角則在華盛頓街和桑默街之間，次要地扮演一個連接點的功能，與一個地鐵站相連，但主要功能是做為市中心的核心，是個「百分之百」的商業區，這樣的縮影在美國大城市中都很少見，但在文化上，美國人又感到很熟悉。這裡是個核心，是一個焦點，一個重要區域的

焦點與象徵。

路易斯堡廣場是另一個主題匯集處，以其安靜、住宅區的開放空間聞名，會讓人聯想到貝肯丘上的上層階級，那裡還有個圍有柵欄的公園，很容易辨識。比起喬丹－菲萊納轉角，這裡是個更純粹的主題匯集處，因為它不是交通轉運站，人們只記得它位在「貝肯丘內的某個地方」，可見它做為節點的重要性遠大於其功能。

見圖 59，p.273

再者，節點可以既是連接點，又是主題匯集處，例如，澤西市的喬納廣場，不僅是重要的公車和汽車轉運站，也是商家聚集地。主題匯集處可以是一個區域的焦點，例如，喬丹－菲萊納轉角和路易斯堡廣場，但也可能並不是焦點，而是獨立、特別的匯集處，例如洛杉磯的奧維拉街。

然而要辨識出一個節點，不見得需要多搶眼的實體形態，喬納廣場和斯科雷廣場就是最好的例子。但如果這個空間具有某種形態，重要性就會更大，節點給人留下的印象就會更深刻。換言之，如果斯科雷廣場擁有與其功能重要性相稱的空間形狀，肯定會成為波士頓的主要特

見圖 60，p.281
見圖 61，p.283

圖 30 華盛頓街和桑默街

徵。然而它目前的形態難以讓人清晰地記住，
反而讓人覺得破舊、不光彩。三十位受訪者中，
有七位記得這裡有一個地鐵站，此外再無共同
印象。顯然它無法在視覺上給人留下印象，而
且其連接多條通道的主要功能和重要性也少有
人理解。

考普利廣場這個節點則恰恰相反。它的功能重要性較低，還與杭亭頓大道斜交，但意象卻非常鮮明，與多條通道的連接也十分清楚。人們可以透過一棟棟獨特的建築，包括公共圖書館、三一教堂、考普利廣場飯店，以及約翰漢考克大樓，清楚地辨識出這裡。考普利廣場比較不像是一個完整的空間，而是各種活動和一些特色各異的建築聚集處。

考普利廣場、路易斯堡廣場、奧維拉街這些節點都有清楚的邊界，從很近的距離就辨認得出來。至於像喬丹－菲萊納轉角的節點，只有在某些沒有明顯起點的特徵當中最為突出。不論如何，最明顯的節點似乎在某方面與眾不同，同時又能強化周遭的特徵。

節點跟區域一樣，有內向的，也有外向的。斯科雷廣場是內向的，當人站在廣場內或身處其環境中，會失去方向感。在它周遭時，主要的方向就只有靠近它或遠離它；當你抵達這裡時，對於定位的感受也僅僅是「我到了」。波士頓的杜威廣場則是外向的，它不僅指引了大致方向，而且明顯連接到辦公區、購物區、濱水區。有一位受訪者認為，杜威廣場的城南火車站像

個巨大箭頭，直指市中心。要接近這樣的節點，似乎是從特定的方向過去。珀欣廣場因為有比爾特摩飯店，也有類似的指向特性，不過在這個例子中，要在通道網中找到確切定位就不容易了。

見圖 31，p.125

前述的眾多特性，可以用一個知名的義大利節點來概括，就是威尼斯的聖馬可廣場。這個節點極為獨特，既豐富多彩又錯綜複雜，與整個城市和其周圍狹窄蜿蜒的巷弄形成強烈對比。然而它卻又與這個城市的主要特徵 ── 運河，關係密切，並且它的形狀清晰，清楚指明入口的方向。就連聖馬可廣場本身也非常與眾不同，結構井然：它分成大小兩個廣場，內有眾多獨特地標，包括大教堂、總督宮、鐘樓、圖書館。身在廣場內，人們可以清楚知道自己和它的關聯，精確地替自己定位。也由於這裡實在太特殊，很多人即使沒去過威尼斯，光看到照片都認得出來。

地標

地標是觀察者在外部的參考點，實體的元素簡單，大小都有。當和一個城市越熟悉，似乎就

圖 31　威尼斯的聖馬可廣場

越會依賴地標來指引方向，來享受獨特感與特
殊，取代先前所依循的連續性。

使用地標的意思，就是從一大堆可能性中單獨
選出某個元素，因此地標的主要特徵就是非凡，
在某些方面而言是獨一無二的，在某種情境下
令人印象深刻。如果地標有清晰的形態，就會
更容易辨識，更容易被當做重要事物，例如可

能與背景的對比強烈，或者空間位置突出。主角本身與背景的對比似乎是最主要的因素。襯托某個元素的背景不一定得在靠近元素的地方，例如波士頓范紐爾大廳的蚱蜢形風向標、州議會的金色圓頂、洛杉磯市政大樓的尖端，都是在以整個城市為背景的襯托下顯得別具一格。

受訪者還可能將地標獨立出來的另一個原因，是它在骯髒的環境中顯得格外乾淨（例如波士頓的基督教科學教會建築），或在老舊城市中顯得新穎（例如阿奇街的小教堂）。澤西市醫學中心以其小草坪與花卉聞名，就是因為與整體龐然建築對比強烈。洛杉磯市政中心老舊的檔案館是一棟狹小髒亂的建物，與其他所有市政建築方位不一致，開窗方式和建築細部的大小完全不同。雖然它的功能與象徵意義不高，方位、歷史、規模的對比卻使它成為容易識別的意象，有時討喜，有時惹人厭。有好幾次聽到受訪者說它呈「圓餅狀」，但它其實呈完美的長方形，想必正是因為方位角度造成的錯覺。

空間的顯著性也可以讓元素成為地標，有兩種方法：要嘛是讓元素從許多地點都看得見（例如波士頓的約翰漢考克大樓、洛杉磯的瑞奇菲爾石

油大樓），不然就是藉由旁邊的元素形成一個在地的對比，例如往後退或高度的變化。洛杉磯佛洛爾街和第七街轉角處，有一棟老舊的兩層樓灰色木造建築，就比其他同排的建築後退了十呎左右，裡頭有幾家小店，很多人反而因此注意到它，而且為之著迷。有位受訪者甚至將它擬人稱做「小灰姑娘」。正因為它在空間上較其他建物 見圖 32後退，規模迷你，反而十分醒目而且討喜，與其他龐然宏偉的建築形成對比。

圖 32 第七街上的「小灰姑娘」

若位在連接點的位置，由於需要在此選擇走哪一條路，因此可以強化地標的作用，例如波士頓鮑丁廣場的電話大廈就可以指引劍橋街的方向。另外與某個元素相關的活動也可能使其成為地標，一個特殊的例子是洛杉磯的交響音樂廳。這個音樂廳完全無視覺上的可意象性，它位於一個很醜的出租建築裡，招牌上僅寫著「浸信會教堂」，外地人絕對認不出它來。它會成為地標的主要原因，似乎正來自於文化地位和視覺上如此不起眼的對比與違和感。歷史淵源或其他意涵都是強化地標的利器，例如波士頓的范紐爾大廳和州議會就是很好的例子。一旦將歷史、符號、意義與某物體結合起來，它做為地標的價值就提升了。

有些地標地處遙遠，可從許多地方清楚望見，常常因此眾所周知，但似乎只有不熟悉波士頓的人才會相當依賴這類地標來建築城市意象，並以此選擇旅行的路線。例如只有初來乍到的人，才會用約翰漢考克大樓和海關大樓做為指向的參考點。

很少人知道這些遙遠的地標到底在哪裡，也不知道如何抵達這些建築物的基部。其實多數波

士頓遙遠地標都「沒有基部」，它們似乎很詭異地浮在空中。例如翰漢考克大樓、海關大樓、法院大樓在天際線上都很顯眼，但它們基部的位置與特點卻遠不及它們的頂部突出。

波士頓州議會的金色圓頂算是例外。它的外型和功能獨特，位於山丘頂上，面向波士頓中央公園，從很遠處就可看到閃亮的金色圓頂，這些特點讓它當仁不讓成為波士頓市中心的重要象徵。它不僅在各層面滿足了可辨識的條件，又恰好兼具象徵性和視覺重要性。

見圖 58，p.272

人們利用遙遠的地標來辨向，僅是為了找出大致的方向，或往往是為象徵性意義。有位受訪者說，海關大樓賦予亞特蘭提大道一種整體感，因為在這條路上幾乎任何地方都看得到海關大樓。另一位受訪者則說，海關大樓為金融區增添了一種韻律，因為在那區的許多地方都可三不五時看到它。

佛羅倫斯的聖母百花大教堂是遠端地標的頂級實例，不論遠近、白天或夜晚都清晰可見，絕不會認錯，規模碩大、輪廓顯眼，與城市的傳統密切相關，也是宗教和交通運輸中心，一旁

見圖 33，p.130

圖 33 佛羅倫斯聖母百花大教堂

又有著名的鐘樓，因此讓人從很遠的地方就可以辨認出方向。一想到佛羅倫斯，就很難不想起這棟偉大的建築物。

不過在本書探討的這三個城市中，只能從某些地點望見的當地地標，是更常被運用。各種物體都可以是地標。有多少當地元素會成為地標，除了因為元素本身的特性，還取決於觀察者對其周遭環境的熟悉程度。對當地不熟的受訪者在室內接受訪談時，往往只提到幾個地標，不過一走到外面就可以辨識出好多個。有時候，

聲音和氣味可以強化視覺上的地標，只是聲音和氣味本身無法形成地標。

地標還可以被獨立出來，成為單一標的，而不需其他加強物。除了大型或非常奇特的標誌，一般獨立地標參考功能不大，因為很容易被忽略，需要不斷被尋找，像是單一紅綠燈或街道名，就需要特別花心思去找。在地的參考點常常是以一群組一群組地被記住，因為不斷重複出現而彼此加強，並且或多或少在某個情境下特別容易辨識。

一系列連續出現的地標中，某個細節一出現，就會讓人期待見到下一個，這些地標的關鍵細節會誘發觀察者採取特定的行為，這似乎是人在城市中移動的一種標準模式。當地標以某種順序出現，不論何時到需做決定的地方，都會有提示的線索，然後又會出現確認的線索，向觀察者保證他的決定無誤。另外還會有額外線索幫助觀察者，告知他已接近最終目的地，或中途的某個目標。為了讓觀察者在情緒上感到安定，又兼具功能效率，這些出現順序必須是連續的，不會有很長的中斷，只有在節點處可能會突然多出許多細節。這樣的地標順序有助

於辨識和記憶。熟悉當地的觀察者可以在自己熟悉的順序記得大量的重要意象，只不過當順序顛倒了或被打亂了，辨識度就會降低。

元素之間的關係

前述的五種元素是城市裡環境意象的素材，必須統合在一起，以構成令人滿意的形態。先前的討論提到了幾組類似的元素（通道網、地標群、區域拼接），接下來便是討論不同元素彼此之間的關係。

不同元素的組合可能彼此強化、互相呼應，從而提高各自的重要性，但也可能互相衝突，彼此破壞。例如一座巨大的地標可能會使其所在的小區域顯得微不足道、相形見絀。若位置恰當，地標可以加強一個區域的核心，但若偏離核心位置，則容易造成混淆，波士頓的考普利廣場與約翰漢考克大樓的關係就是一例。又如一條寬廣道路若邊界和通道的特徵都很模糊，可能會在穿越一個地區後，讓該地區被看到，同時也被切割。或者一個地標的特點對於某地區而言過於另類，以致破壞了該地區的連續性，但也有可能因對比強烈，反而強化了連續性。

區域尤其特別，因為尺度比其他元素來得大，本身就包含多種元素，與各種通道、節點、地標息息相關。這些其他元素不僅從內部建構了區域，還因為豐富、深化了區域的特徵，而強化了區域的整體特性。波士頓的貝肯丘就是這樣的例子。事實上，結構和特徵的組成，也就是我們有興趣的意象組成成分，似乎隨著觀察者從一個層級邁向另一層級而一幕幕躍然眼前。例如一扇窗的特徵可建構成一種窗戶的樣式，如此又成為辨識一棟建築物的線索，然後建築物之間彼此相關，又形成可辨識的空間等，依此類推。

在許多人的印象中，通道都很鮮明，也是認識像都會區這樣規模的主要資源，與其他元素有緊密交織的關係。主要的道路交會點和終點則自然而然會出現連接的節點，同時這些節點的形態又加強了行進過程中的關鍵時刻。而這些節點不僅是因為地標（例如考普利廣場）而被強化，並且是提供了一個場所，讓不論是甚麼樣的地標在此，都必定會吸引注目。此外，這些通道不僅因為自身的形態或連結的節點，還因為通道穿越的區域、經過的邊界和沿路的地標，而被賦予了特徵與節奏。

所有這些元素都在其所處環境中交互作用。若研究起不同元素組合的特點，像是地標與區域、節點與通道等的特徵勢必十分有趣。不過最終還是要超越這些組合之上，來討論總體的脈絡。

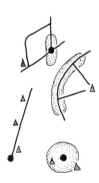

大多數觀察者似乎將元素歸類成一種居中的組織，或許可稱之為元素複合體。觀察者視複合體為一個整體，認為其組成部分相互依存，彼此的關係穩定。因此許多波士頓居民將後灣、波士頓中央公園、貝肯丘、中央購物區等多數主要元素歸類成一個複合體。若依布朗（見參考書目8）在他的實驗中所使用的詞彙（此實驗在第一章曾提及），這整個複合體就是一個**地點**。其他人心中的地點大小可能小得多，例如可能只有中央購物區和波士頓中央公園鄰近的邊界。在這個複合體之外少了其他特徵，觀察者會不知怎樣到達下一個複合體，即使這種茫然的時間很短暫。雖然在真實的世界中，不同複合體之間很近，但大多數人似乎只能感受到波士頓辦公區、金融區、華盛頓街的中央購物區之間模糊的連結。這種詭異的疏遠感也出現在斯科雷廣場和達克廣場之間，但其實兩者只有一個街區之遙。簡言之，兩個地點之間在心理上所被感受到的距離可能比實際距離大得多，

甚至更難以跨越。

在初步的階段，我們著重的是局部而非整體，這點對研究調查很必要，因為在透徹了解並區分各個部份後，才能更進一步探討整體。我們的研究顯示，意象可說是一種連續性的領域，阻礙一個元素多少會影響其他元素。更甚者，要辨識一個物體，除了依賴物體本身形態，依賴其所處環境也一樣重要。像波士頓中央公園形狀的扭曲，這樣的狀況似乎會影響到波士頓城市的意象。這種大規模結構的變動所影響的不僅有鄰近環境，只不過此種狀況的影響在本書著墨很少。

轉變的意象

一個整體環境不只有單一包羅萬象的意象，而是有著多組意象，彼此重疊，相互關聯。這些意象一般是約略依照相關地區的大小呈層級排列，因此觀察者可以視需要，從道路層級的意象轉換到鄰近社區、城市或都會區的層級。

在廣大複雜的環境中，這種按層級排列有其必要性，不過這對觀察者在組織意象時卻造成額

外負擔，特別是層級之間關係微弱，負擔就更大。比如說，如果一棟高樓在城市全景中絕不會被錯認，但從底部卻讓人無法辨識，很可能觀察者就無法把兩個不同層級的意象組織起來。而貝肯丘上的州議會則相反，它穿透了好幾個意象層級，在市中心的意象佔有重要地位。

意象不僅會因為區域大小而有所不同，還會隨著視點角度、時間、季節而變化。例如從市場區看范紐爾大廳所得的印象，應該與在中央幹道上行駛時看范紐爾大廳的印象有關；夜晚的華盛頓街應該與白天的華盛頓街有某種連續性，某些元素應是不變的。在面對五花八門的感官訊息時，為了這種連續性，很多觀察者得從意象裡移除某些視覺內容，改採用「餐廳」或「第二街」等精選的點。這些精選的點雖然需花精力去記，也喪失了一些視覺內容，但卻是不論晝夜晴雨、開車走路都可使用。

觀察者還必須隨周遭實體環境的轉變來調整意象。例如洛杉磯，就闡明了當意象受到現實不斷轉變的衝擊時，會引起何種實際上和情緒上的壓力。因此知道如何在改變中維持連續性就相當重要。就像一層層的意象之間必須有連結，

經歷重大改變時，也必須維持連續性，例如可以借助一棵老樹、一條古道、一些區域特徵來維持。

此外，受訪者描繪城市地圖的順序，說明了意象是如何開展，或以哪些不同方式形成。這或許跟人如何開始熟悉整個環境的過程有關。以下是幾種明顯的類型：

1. 很常見意象是沿著熟悉的移動路線展開，然後往外延伸，因此畫地圖時是從一個入口點向外分支，或是從某些基點開始，例如麻州大道。

2. 有些人的地圖是從一條封閉的輪廓開始，例如波士頓半島，再往內朝中心填入細部。

3. 還有些（尤其是在洛杉磯）是先從規律的形式開始（例如格狀通道網），再補充細節。

4. 少數人的地圖是從一組相鄰的區域開始，然後加上連結和內部細節。

5. 有些波士頓受訪者的地圖從一個熟悉的核心點開始，一切都環繞著這個十分熟悉的核心點

開展。

意象本身並不是現實環境的精確縮小版，不是只照比例縮小並萃取其精華。意象會經過刻意簡化、刪減（或甚至在真實環境添加別的元素）、加以融合和變形、把不同部分連接與組織起來。也可能重新排列、「不按邏輯地」扭曲，以便充分、或許更好地達到建構意象的目的，就像著名卡通片裡紐約客眼中的美國一樣。

不過就算是有所扭曲，地形這個不變元素還是與真實環境有一定的關係，就像是把地圖畫在一張彈性絕佳的橡皮板上，即使方向扭曲了，距離被壓縮或拉長了，大的形體變得與真實尺度相去甚遠，讓人一眼無法辨別，但組成順序通常是正確的。地圖很少被撕碎，變換順序，再接合起來。意象要有任何價值的話，這種連續性是絕對必要的。

意象特質

研究波士頓居民各種不同的意象，會發現其中的差異，包括觀察者對同一個元素的意象會因他們感受的強度而有所差異，也就是他們接收

到的細節有多少。有的可能相當多，例如有的人可以認出紐伯里街上的每一棟建築，有的人只把紐伯里街視為一條兩旁有多種用途老房子的街道，那麼細節就可能相當少。

另一種差異是具體、感受鮮明的意象與高度抽象、概念化、沒有具體感官內涵的意象。換句話說，一棟建築物的意象可以很鮮明，包括形狀、顏色、紋理、細節，也可以很抽象，僅被視為「一家餐廳」，或是「街角數來第三棟房子」。

鮮明不見得等同於細節密度高，稀少也不一定就會抽象。意象可以既充滿細節又抽象，就像那位計程車調度員對城市街道瞭若指掌，他可以門牌號碼記住好幾個街區的各建築用途，卻無法描述出那些建築的具體特徵。

意象還可進一步用結構的特性區分，也就是其組成成分排列的方式和彼此的關係。以結構精確度，可以分成四個漸增的階段：

1. 不同的元素之間獨立存在，彼此無結構或相互的關係。我們並未發現完全屬於這類型的案

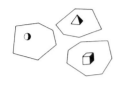

例，但有不少意象明顯是分隔開的，之間有很大的距離，而且有著無關聯的元素。在這種情況下，若沒有外界幫助，要理性地移動是不可能的，除非可以借助於一個涵蓋整個區域的系統，也就是在這個地區之上建立新架構。

2. 有些例子中，結構是定點式的，組成部分與大致方向有關，而且也許彼此有一定的相對距離，但彼此之間仍是沒有關聯的。有位受訪者總是把自己與某幾個元素連結在一起，卻不知道這些元素之間的關係。在城市中是邊走邊找，找到大致正確的方向就往外走，但又前前後後移動，隨時估量距離，走過頭時好做修正。

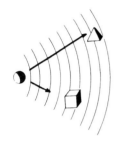

3. 或許最常見的是靈活的結構，各部分互相連接，但是鬆散且有彈性，像是用一條橡皮筋鬆鬆地連接著。換句話說，活動事件的順序是已知的，但意象可能是扭曲的，而且在不同時刻，扭曲的情形也會改變。有位受訪者說：「我喜歡先想一些焦點，想像如何從一點移動到另一點，其他的我就不必知道了。」既然結構有彈性，移動起來就簡單，因為沿著已知的通道和順序即可。不過若在不習慣的兩元素間移動或沿著不習慣的通道走，還是可能會摸不清方向。

4. 隨著連結越來越多，結構會變得越來越無彈性，各部分在所有面向上都牢牢地彼此連接，而且內部開始出現扭曲。有這樣意象的人可以更輕易自由移動，並且可隨意連結新的節點。隨著意象的強度增加，它便開始成為一整個區域的特徵，各種方向、各種距離的互動都可能發生。

這些結構的特徵可以不同的方式應用在不同層級上。例如，城市的兩個區域可能各自擁有固定的內部結構，而在某些邊界和節點上連接。但這樣的連結可能與內部結構毫無關聯，因此這個連結本身是有彈性的。這種狀況似乎就出現在許多波士頓居民在斯科雷廣場的感受。

整體結構還可以用另一種不同方式來加以辨識。隨著一系列整體或部分從模糊逐漸變得精確，有些人的意象可以迅速組織。這樣的意象組織就像一張靜態地圖，往上一個層級，細節就越來越模糊，往下就越來越精確，連結就如此形成。例如要從市立醫院走到北方教堂，人可能先以為醫院在城南端，而城南端在波士頓中心地帶，然後藉此找出城北端的位置，再定位出位於城北端的教堂。這就是所謂有層級的

意象。

還有些人的意象是以比較動態的方式組成，各部分靠時間序列互相連接起來（即使時間十分短暫），因此看到的意象就像是透過影片的鏡頭看到的，比較貼近實際在城市中移動的經驗。這類的意象可稱為連續組織的意象，採用不斷開展的連結關係，而非靜態的層級。

從以上可以推論出，最有價值的意象是那些細節最多、確定、鮮明的；並不侷限於某些特徵，而是用上了所有元素類型，形成各種特徵；而且可以視需要將它們以層級式或連續式地組織起來。當然，這樣的意象很少，也不可能出現，而且每個人和每種文化都有明確的類型，無法超出其基本能力。如此，一個環境便應根據適當的文化類型，以許多方式來調整、塑形，以滿足居住於其中的人的各種不同需求。

我們是一直試圖組織自己的周遭環境，建構並加以辨識。各種不同的環境多少都經過這樣的調整過程。因此當城市在重新塑形時，應賦予城市某種形態，來幫助組織意象，而非加以阻礙。

第四章
城市形態

我們可以將嶄新的城市營造出可意象性的景觀，這些景觀醒目、一致而且清晰。要做到這點，城市居民必需採取嶄新的態度，將自身所處環境改造成各種形態，這些形態不僅能讓人眼睛為之一亮，還能隨著時間與空間的推移不斷進化，亦能作為都會生活的象徵。本書的研究能幫助我們打造上述環境形態。

多數我們習以為常的美麗事物，例如一幅畫或一棵樹，都只有單一目的，可能是經過時間洗禮，或是某人刻意安排，才讓出色的細節與整體有緊密、可見的關係。但是一個城市卻具有多重目的，像是個變動的組織，同時也像一頂多功能帳篷，由眾人相繼搭建而成，過程中不太可能完全分工，也不需要最後彼此協調來達成共識。城市形態必須不受到限制，隨時依據居民的目的與觀感而變動。

有些城市的基本功能可以讓城市形態更明顯，
例如運輸流通、土地區域規劃、生活機能核心
等等。因為這些基本功能發揮功效，提升了居
民共同的希望、愉悅以及群體感。總而言之，
環境一旦在視覺上變得井然有序且辨識度高，
居民便會對這個環境賦予意義與情感，如此一
來這個城市就會變成真正的居住地，與眾不同，
獨一無二。

見圖 34，p.145

若要舉個例子，佛羅倫斯便是個性格強烈的城
市，許多人會將深厚的情感注入其中。雖然很
多初來乍到的外地人對它的第一印象可能是冷
漠或森嚴，卻無法否認其獨特的魅力。住在這
樣的環境裡，不論遭逢甚麼樣的經濟或社會問
題，喜樂、憂愁、或是歸屬感的體驗，似乎都
增添了幾分深度。

佛羅倫斯的經濟、文化、政治歷史悠久，歷史
遺跡造就了這個城市強烈的性格。不僅如此，
它的可見度也相當高：座落於亞諾河畔，四周
丘陵環繞，山丘與城市幾乎總是交錯映入眼簾。
南面開闊的鄉村地區幾乎直指城市中心，兩者
對比分明。站在坡度最緩的丘陵向下俯瞰，都
市核心盡收眼底。北面可以看到面積不大、各

自盤踞丘陵間的城鎮，例如菲耶索萊和賽堤亞諾。在這象徵意味濃厚的交通樞紐中央，壯麗的聖母百花大教堂巍峨聳立，而一旁直指天際的喬托鐘樓有如指引方向的明燈，在城市的各個角落、甚至幾哩外的地方都看得見。這座圓頂主教堂就是佛羅倫斯的象徵。

見圖 33，p.130

這個城市的中央有種力量幾近壓抑的區域性格：

圖 34 佛羅倫斯南面

狹長的鋪石路；黃灰色的高聳灰泥石建築，搭配著百葉窗、鐵柵、與洞穴般的入口，上頭是典型佛羅倫斯的深屋簷。這個區域內有許多明顯的節點，形態各異，因用途特殊或使用者的不同階級而顯得格外突出。中間地區有許多地標，每個都有獨特的名稱與歷史。亞諾河從中貫穿，將整個城市與周遭廣袤的景致連接起來。

不論是因為過往歷史或自身體驗，人們與這些清晰鮮明且迥然不同的形態產生深厚的情感，任一景象都能立即觸動心弦，引發一連串懷想。每個部分都彼此銜接，使得周遭景象成了居民生活的一部分。這個城市絕對談不上完美，亦不算有意象可言，其視覺營造上能如此成功，也絕對不只因為可意象性這項特質，但光是用眼睛欣賞這個城市，或隨意漫步在街道間，胸中便自然湧現出簡單的愉悅、滿足與存在感。

佛羅倫斯確實是座不凡的城市。就算我們不將眼光侷限在美國，其他地方有如此可見度高的城市還是很少。有意象的村莊或城市地區並不算少，但能歷久不衰地傳達出鮮明意象的城市，全世界絕不超過二十或三十個；即便在這些城市當中，也沒有任一個城市的面積大於數平方

英里。大都會的興起已是稀鬆平常的現象，全世界卻尚未出現任何都會地區，有著任何強烈的視覺性格或明顯的結構，著名的城市周邊全都是了無特色的郊區。

讀者可能會納悶到底有沒有可能打造出充滿意象的都會或城市；而即使真的有這種可能，人們是否會重視它。由於沒有前例可循，我們不得不去臆測，或根據過去的事件來推論。以前每當人類遭逢新的挑戰時，就會思考得更深入，因此我們是有可能打造出這種城市的。更何況，前人早已打下穩固的根基，新一波的大規模思想躍進是絕對有可能發生。

大規模的視覺形態的確存在，只是不是都市。多數人心裡都有某些最喜歡的景點，這些地方絕無僅有、結構清晰、輪廓鮮明，恨不得能將它們重現在自己的居住環境裡。像在佛羅倫斯南面，通往波吉邦西路上的景致，就有這種特質，還綿延了好幾英里。這裡稜谷交疊，樣貌各異，卻風情一致。亞平寧山脈與北面和東面的地平線接壤。從遠處眺望，土地已經翻好了，密集種著各式各樣的穀物，小麥、橄欖、葡萄，各個色澤分明。田野、作物、小徑整齊地排列

著，土地的層次清楚可見，每座山崗上都有不同的小型建物、教堂或樓塔，所以居民能夠輕而易舉區分彼此的家園：「我家在那個山丘上。」人類依循著大自然的地理結構來調整自己的行為。一眼望去，每個區塊的特色一目了然。

另一個例子是新罕布什爾州的桑威奇。湍急的梅里馬克河和皮斯凱阿瓦河發源自白山山腳，茂盛的山林與山腳下的城鎮形成強烈對比；南面的奧西皮山脈連綿不絕；之中有好幾座奇特的山峰，包括科科魯阿山，然而最奇特的形態則非山腳平原莫屬。整片土地經過翻整，散發出強烈的特殊氣息，彷彿在說，這是一塊多麼特別的「居住地」，絕對可以與性格鮮明的佛羅倫斯相提並論。每到農耕之時，這些低地經過整理後，整片地景都會散發出這種氣息。

夏威夷則是較具異域風情的例子。這裡山稜鋒利，岩石多彩，懸岩陡峭，植被繁盛而分明，海洋與土地互相對照，島嶼兩側的景致截然不同。

當然，每個人心目中充滿意象的城市都不一樣，

讀者可自由發揮。有時它們是大自然的產物，例如夏威夷；但大部分都是經過人為改造的城市。在不斷變遷的地質結構上，大家目標一致，採用共同的技術打造城市，托斯卡尼便是一例。如果意象營造成功，居民便會體認到人為目的與自然環境之間的緊密關聯，但兩者又能絲毫不受影響地獨立存在。

城市既然是人造的世界，就應以最好的狀態存在，要以人為出發點，用藝術來建造城市。人類自古以來便習慣適應環境，將感官接收的訊息予以分門別類。正因為有如此的感官適應力，人類得以存活且主宰環境。而現在，我們即將把人類與環境的互動提升到嶄新的層次。從自身所處的環境出發，我們可以反過來，讓環境適應人類的知覺脈絡與符號處理過程。

設計通道

要提高都市環境的可意象性，就要提高它的視覺辨識度和自我組織的能力。之前討論的五種元素——通道、邊界、地標、節點、區域，是建構意象的基石，這些元素能打造出堅實、有特色的都市結構。從先前的討論中，我們可以

找出什麼提點，來了解這些元素在真正可意象的環境中會有的特點？

通道是人們在都市裡習慣或可能的移動路線，也是組織整體環境最有效的方式。主要道路應有某些獨有的特質，以便與周遭環境區隔，這樣的特質可能是兩側有某些特殊用途、活動聚集、醒目的空間特性、特殊的地面或立面紋理、獨特的照明方式、與眾不同的氣味或聲音、某種特殊的細部或植栽方式等等。例如華盛頓街以密集的商業區和擁擠如狹縫般的空間聞名，聯邦大道則有個樹木繁茂的中心區。

當應用這些特質時，就能賦予通道連續性。如果上述一種或一種以上的特點能沿著某條道路不斷出現，這條通道在意象裡就會成為一個連續的、一致的元素，可能是種滿樹木的林蔭道、單一顏色或圖樣的鋪路面，或最常見的一模一樣的建築立面。假設某個開放空間、紀念碑、轉角雜貨店重複出現，這樣的規律就可以形成一種韻律。若經常沿著某一條通道移動，例如搭乘同一條交通路線，就會加強這種熟悉、連續的意象。

這樣的過程會導致所謂的道路視覺層級，就好比我們先前提過的功能層級：在感官上，把主要道路獨立出來，這些道路若具一致性，就會成為連續的感知元素，而變成城市意象的骨幹。

不僅如此，移動路線還必須有清楚的方向。人腦非常厭惡一個接一個的轉彎，或先是許多漸進且模糊的彎曲弧度，然後最終的方向完全相反。威尼斯蜿蜒的巷弄、奧姆斯特德郡規劃的浪漫街道，或波士頓亞特蘭提大道緩慢不易察覺的彎度，都很容易讓人頭昏眼花，只有那些適應力極強的觀察者能免疫。筆直的通道方向當然明確，不過如果一條通道只有幾個近九十度的明顯轉折，或有許多小轉彎但基本方向一致，也能提供清楚的方向感。

觀察者會認為通道是有確切方向且具備指向功能，並且會以道路方向來辨認街道。其實道路本來就是要通往某個地方，因此通道應該要有明確的終點、漸進變化或方向差別，才會產生前進的感覺，如果方向相反就不會有這種感覺了。常見的漸進變化是斜坡，路上經常出現「上」、「下」坡的指示牌。其他例子則像是，當招牌、店家與人群越來越密集時，表示商圈

可能就在附近，或是植栽的顏色與類型逐漸改變，還有街區縮小或空間變窄等情況，都表示市中心可能就在不遠處。也可以運用不對稱的變化，例如前進時「讓公園保持在左手邊」，或是「朝著金色圓頂移動」。另外還可以使用箭頭，或是統一顏色，讓同方向的色彩一樣。透過上述這些方法，通道會更有方向參考的價值，減少「走錯路」的風險。

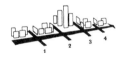

如果道路的各個定點可以用某種方式度量，這條道路就能同時具備方向與距離的參考價值。門牌號碼就是其中一種。另一個較具體的方法，是在路上標示可供辨識的地標，其他地方就以地標「之前」還是「之後」來辨認。地標越多，定位越精準。有時候，某種特性（例如廊道空間）也可以不斷調整漸進變化，讓變化本身足以辨識。因此我們可以說某個地點位於「街道突然變窄之前」，或是「最後一個上坡前的山肩」。移動中的人不僅可知道自己「朝著對的方向」，還能知道自己「就快到了」。若路途上有這些不同的辨認地標，當用路人抵達又經過一個個小目標，路途便有了另一種意義，成為用路人的獨家記憶。

觀察者一路上沿著通道轉彎、上坡、下坡，會因為這種明顯的「動感」特性而留下印象，特別是快速通過通道時，記憶更是深刻。舉個例子，靠近市中心時來個險降彎坡，會讓人記得一清二楚。雖然觸覺和慣性也是察覺移動的方法，但視覺還是最主要的方式。因此通道兩旁的設置必須改善移動視差與透視效果，並且提高前方通道的可見度。塑造一條充滿動感的通道能讓路線更有特色，持續創造美好體驗。

通道或目的地的任何樣貌都有助於加強意象，像大橋、縱向大道、弧面造形、遠方目的地的輪廓等，都能達到效果。沿路的高聳地標或其他設置也能加深通道的意象，交通要道不僅會變得更清楚，也能成為都市基本功能的象徵。相對地，用路人如果在路上看見其他城市的元素，這些元素可能恰巧與其他城市相關，或是讓人不經意想起路過的街景，都能豐富路程，像原本只在地下通行的地鐵，突然穿梭在購物商圈，或者地鐵站讓人聯想到該城市的樣貌。通道經過精心設計，讓動線變得更流暢，就像變換車道、斜坡道與蛇行一樣會令人滿足。上述這些方式有助人們增廣見聞。

一般而言，一個城市是由井然有序的通道組織而成，設計關鍵在於交叉口，也就是各條通道的連接點，這裡同時也是移動中的人們要做決定的地方。如果這些交叉口一目瞭然，構成一幅生動意象，交會的兩條通道位置也清楚，觀察者就可以建構出完整的意像。波士頓的帕克廣場位於主要道路的交會點，雖然阿靈頓街和聯邦大道的交叉點很清楚，不過地鐵站卻無法呈現出清楚的路線交會點，由此可以說明，現代通道系統出現錯綜複雜的交會關係時，需要格外費心。

若有兩條以上的通道交會於一個點，通常都較難概念化。通道結構必須簡單才能形成清晰的意象，這裡所謂的簡單，是指地形而不是幾何設計。舉例來說，一個不規則但幾近直角的交會點，就比明確的三岔路口容易建構意象。結構簡單的例子還包括平行的道路、呈紡錘形的道路、某一條道路與另外一到三條道路形成柵欄般的交會處，還有呈長方形或幾條匯聚在一起的道路軸線。

通道也是可以被意象化的，並不是由單一特定元素勾起意象，而是看做為一組網絡，表現出

通道之間的關係，但未特別凸顯某一條通道。
這種情況代表道路網絡在方向、地形或道路間
距，有一定程度的一致性。如果道路網絡同時
具備這三種特質，光是方向或地形一致，就可
以產生相當好的效果了。因為相同的地形走勢
或方向，在視覺上能與其他通道區隔開來，像
曼哈頓的大街小巷就會相當容易區別。此外，
色彩、植栽、建築細節也有助於區別街道，而
道路網絡裡的名稱、編號、空間、地形、建築
細部等漸進變化也都可以賦予道路一種漸進、
甚至可度量的感覺。

最後還有一種組織一條通道或一組通道的方
法，這在長距離與高速的時代漸趨重要。若以
音樂做比喻，可以稱做「旋律性」，意即通道
的情況和特點，包括地標、空間改變、動態感
受都可組織成一條有律動感的路線，而人們需
要花一段時間來感知這種形態與建構意象。由
於這個意象具有韻律感，而不只是一連串獨立
的點，反而更容易記得。通道形態可以依照起
承轉合這種典型的規則設計，也可以稍微做點
變化，例如刻意漏掉結尾的部分。金門大橋的
設計就隱含這種韻律性結構，給城市設計的發
展與實驗很大的揮灑空間。

其他元素的設計

首先是邊界。邊界跟通道一樣，它們的形態都需要有某種連續性。以商業區為例，邊界的概念可能相當重要，但實地探查時卻很難發覺，就是因為它沒有可辨識的連續形態。若是在一段距離外還能看清楚兩側邊界、標示出區域特色明顯的漸進變化，或將兩個區域連接一起，這些都會讓意象更加鮮明。所以像是一片中世紀城市留下來的牆突然終止、摩天大樓正對中央公園和臨海的水陸交界，都能給人強烈的意象。簡言之，當兩個反差很大的區域彼此相鄰且交界處明顯可見時，人們就很容易把目光專注在這條邊界上。

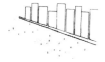

如果兩個相連的區域反差不大，用來辨識出這兩個區域之間的邊界就格外有用，如此才能給觀察者「裡面」跟「外面」的感覺。這點可以用對比強烈的建材、一條連續的曲線、或不同的植栽達到效果。另外，漸進變化、每隔一段距離就出現容易辨識的點，或讓邊界的兩端有所區別，都可以讓邊界更有方向感。然而如果邊界不是連續的，而是封閉的。就要確保邊界有明確的終點，也就是有容易辨識的標誌物，顯示出這條邊界是完整的、定位清晰。例如波

士頓濱海線的意象並沒有接續到查理斯河岸，而且任一端都沒有易辨識的標誌物，因此它在整個波士頓意象中變成模糊不清的元素。

如果從視覺上可以看穿邊界，或一般大眾可以通過邊界，它可能就不僅是一道醒目的屏障。不過前提是這條邊界與相連區域的結構要有很深的關聯。如此一來，邊界就不再是屏障，反而可以連接兩個區域。

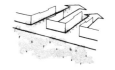

如果一條重要的邊界與城市裡其他結構有許多視覺和交通的連結，它就會變成一個特點，成為城市其他元素的參照。要提升邊界的可見度，其中一個方法就是增加它的使用程度，像開放濱海區做為交通或娛樂用途。另一個方法是把邊界建得很高，讓人們從很遠的地方就能看到。

接著談地標。一個有用地標的主要特質是獨特性，相對於整個環境或背景顯得特別突出，可以是低矮屋頂襯托的高塔、石牆前的鮮花、單調的街道上出現色彩明亮的建築、店鋪環繞的一座教堂，或整排建築物裡有個物體特別突出，只要空間搶眼就能格外引人注意。因此必須要掌控地標所處的環境，例如只有在某些表面才

能出現某些標誌，或除了某棟建築物，其他建築都必須低於某個高度。此外，如果地標是柱狀或球狀這種清楚外型，也會特別顯眼，再加上豐富的細部或紋理，絕對能捕捉目光。

地標不見得要很大，小至門把，大至圓頂，都可以當地標，但它的位置十分重要。如果地標很大或很高，一定要位於能讓人看到的空間；如果很小，則要位在容易引人注意的地方，例如地面、跟視線平行或比視線稍低的建築立面上。此外，任何交通的轉折處，例如節點或人們需要做決定的點，都是人們特別留意的地方。從訪談中可以發現，道路交叉口這種需要做決定的地方，就連稀鬆平常的建築物都能讓人留下深刻的印象，反倒是一條連續道路旁的建物，就算結構再特殊也只會留下模糊的印象。如果經過很長一段時間或很長一段距離都還可以看見某地標，甚至可輕易辨認出觀望的方向，這個地標的意象就會更強烈。又如果一個地標不論距離、晝夜或觀察者移動速度快慢，都可以輕易被辨識出，這個地標就會在瞬息萬變的都市裡，成為一個穩定的參考點。

如果地標可以讓人有所聯想時，意象就會更為

強烈，例如某棟特殊建築是某個歷史事件的發生地，或者是自家色彩鮮艷的大門，這些都一定會成為地標，甚至是某個名稱聞名且廣為人知時，也可以成為有影響力的地標。其實若我們想讓環境富有意義，就要像這樣賦予地標各種關聯與可意象性。

單一地標除非本身極為醒目，要不然意象通常比較微弱，如果要加以辨識，就需要投注長時間的關注才行。不過當多個單一地標群聚一起時，反而能增強意象。熟悉環境的觀察者會從最不起眼的元素裡找出一群地標，然後依賴一組標誌物來辨別方向，而這組標誌物裡每一個可能都微弱到讓人記不住。這些地標還可以排先後順序，讓人輕易辨識出整段路程，也能因為這一連串熟悉的細節而感到安心。例如，威尼斯蜿蜒的巷弄只要走過一兩次後就可以來去自如，就是因為這些街道有豐富的細部，很快就能照順序組織起來。有時候，數個地標可以組織成脈絡，這些脈絡各自具有形態，而且從外觀就可找到方向。佛羅倫斯的地標 —— 聖母百花大教堂的圓頂和喬托鐘樓相互輝映的姿態，就是一例。

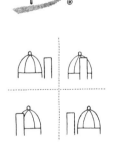

再來是節點。節點是城市裡在概念上的參考點，可惜在美國，節點只是活動聚集處，幾乎沒有辦法成為概念上的參考點。

要讓節點成為概念上的參考點，首先要讓節點的牆面、地面、細部、光照、植栽、地形或天際線有單一或連續的特性，因為節點這類元素的重點就是要成為獨一無二、讓人忘不了的地點，不會跟其他地方混淆。節點出現的頻率能強化這種特性，有時還能產生獨特的視覺形狀，例如紐約的時代廣場，不過缺乏這種視覺特性的購物中心和交通中繼站還是一大堆。

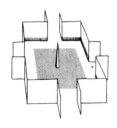

如果節點有明確封閉的邊界，那各邊的意象就不會模模糊糊地逐漸消逝，裡面如果還有一兩個物體吸引注意力，意象就勢必會更清晰。另外，如果節點有連貫的空間形態，更是讓人難以抗拒。這就是建造戶外靜態空間的傳統概念，有許多表達技巧與定義，包括通透、重疊、調整光線、透視、表面漸層、封閉、清晰，以及動作和聲音的模式。

如果交通中繼點或一條通道的分歧點剛好是節點，這個節點將更引人注意。通道和節點的連

接處因為是通道交岔口，所以一定要清楚可見，用路人才會知道進入這個節點的方式、中繼點的位置以及走出去的方向。

這些匯聚的節點如果在其所處的環境中被突顯出來，那麼它們就能如放射狀地來組織周圍的大型區域。例如越接近某個節點越頻繁使用或出現其他特徵、從區域外面偶爾可以看見這個節點，或者有很高的地標。佛羅倫斯的城市焦點就是這樣以聖母百花大教堂和領主宮為中心，兩者皆位於主要節點上。另外，節點還可能具有獨特的聲光效果，或者節點的腹地有象徵性的細部，與節點本身的特色相呼應。例如一個地區出現懸鈴木，可能表示種滿這種樹的廣場就在前方，或者鵝卵石鋪面的道路暗示附近也許有一個鋪鵝卵石的場地。

再者，如果節點有方向性，像是「上下」、「左右」、「前後」，便可與較大的方向系統有所關連。例如當一條通道清楚地與一個連接點相連，通道與連接點之間的關係也就很容易辨別。不論如何，觀察者可以感受出周圍的城市結構，知道要往哪個方向才能到達目的地，也因為觀察者感受到整體意象的對比，而增強了這個地

點的意象。

也可以把一系列節點排起來，形成一個相關的結構。這些節點可以緊鄰彼此，也可以相互對望，威尼斯的聖馬可廣場和佛羅倫斯的聖母領報大殿就是很好的例子。另外，節點也可以與一條通道或邊界有共同關係，中間由一個短的元素連接起來，或是每個節點都不斷出現某些特點，而這些連結便可以建構出城市區域中最基本的結構。

最後是區域。所謂城市區域，最簡單的解釋就是有同質特點的一個地區，在這個區域裡處處可見某些線索，而其他地方不會出現這種連續的線索。這種同質性可以是空間特徵，像是貝肯丘狹窄的斜坡街道；也可以是建築類型，例如南端成排房屋的弧形凸面；也可以是風格或地形；還可以是某種建築特色，像是巴爾的摩飯店的白色門廊；或是連續的色彩、紋理、建材、地面、尺寸、建築物立面細部、照明、植栽或輪廓等特點。這些特點重疊得越多，整個區域帶給人的整體印象就越深。用三到四個特點組成的「主題單元」來劃定一個區域十分有用。受訪者經常在心裡把幾個特點歸類成一小

群，例如貝肯丘狹窄的斜坡街道、磚頭路面、連排的小房屋和貝肯丘內縮的門廊。簡言之，在規劃一個區域時，區域裡可以有些固定的特點，其他特點則可隨喜好任意改變。

當這些同質特點與用途跟社會地位相符時，辨識的效果最好。貝肯丘因為是上層階級住宅區，它的視覺特點就因這種社會地位而加強了。不過美國的例子常常是相反的：用途跟視覺特點之間幾乎沒有關聯。

區域的意象也可以因為明確、封閉的邊緣而更為鮮明。波士頓哥倫比亞特區的住屋建案擁有像島嶼一樣的特色，也許社會觀感不佳，但意象卻非常清楚。其實任一個小島都會因為有明確、封閉的邊緣而有魅力。又如果一個區域從高處、全景，或從位置的凸出或凹下來看，若容易被視為一個整體，一定會給人一種遺世獨立的感受。

一個區域還可以內部自我組織，劃分成符合整體意象的次區域、通道脈絡，以及利用漸進變化與線索讓周遭結構呈輻射狀的節點。例如後灣就是以字母命名的通道網絡組織而成，這裡

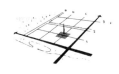

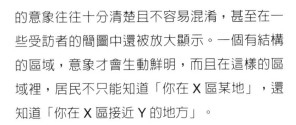

的意象往往十分清楚且不容易混淆，甚至在一些受訪者的簡圖中還被放大顯示。一個有結構的區域，意象才會生動鮮明，而且在這樣的區域裡，居民不只能知道「你在 X 區某地」，還知道「你在 X 區接近 Y 的地方」。

若一個區域內部劃分適當，就可以展現與其他城市特點的關係，此時區域的邊緣是可以被穿越的，是接縫，而非屏障。區域跟區域可以毗鄰、互相對望、沿著同一條線、或是藉由一個中間節點、通道或小區域而彼此連結。例如貝肯丘透過波士頓中央公園的空間與都會核心區相連，其中散佈著許多觀光景點。這樣的連結增強了每個區域的特色，共同營造出整個都市地區。

我們可以想像一個區域，不只有同質的空間特性，而且是一個貨真價實的空間區域，一種空間形態的連續結構。從根本上來說，河面這種廣大的都市空間，本質上就是一個空間區域。所謂的空間區域與空間節點（廣場）不同，因為這樣的空間區域無法一眼看完，只能經由長時間的累積，一點一滴去體會這裡有秩序的空間變化，例如北京成列的宮殿群或阿姆斯特丹

的運河空間，大概就具備這樣的特性，可以讓人們建構出強大的意象。

形態特性

前述的都市設計概念都以相同主題貫穿整體環境，其實就是不斷重複某些常見的實體形態。都市設計者最感興趣的就是這些實體形態，因為它們內含了設計者能加以操作的特性。我們將這些特性歸類如下：

1. 獨特性 (物體與背景的明顯對比)：就是明確的邊界（例如城市開發到某處就戛然而止）；封閉的環境（像是封閉的廣場）；表面、形態、強度、複雜度、規模、用途、空間位置的對比（例如孤塔、豐富的裝飾、發亮的招牌等等）。以上各點可能是與周遭環境形成對比，或與觀察者的經驗對比。這些特性會突顯出元素，讓元素顯眼、吸睛、鮮明且易辨，若觀察者越熟悉環境，就越不須以物體的連續性來架構整體環境，並且也會對於使環境生動起來的對比與獨特性愈感愉悅。

2. 形態簡單：指實體形態具有清楚、簡單的幾

何形狀，各組成部分清晰分明（例如清楚的網格系統、長方形或圓頂建築）。有此種特性的形態能輕易融進意象中，研究也顯示觀察者會犧牲某些概念或真實度，將複雜的實體替換成簡單的形態。就算無法一眼看清某個元素，其形狀也會是變形的幾何形，因此還是很容易辨別。

3. 連續性：指連續的邊界或表面（例如一條街道、天際線、建築頂部呈梯形後退等）；各組成部分靠得很近（例如建築群）；以有規律的間隔重複出現（例如街道與街角的組成模式）；表面、形態或用途出現相似、類比、一致性（像是使用同樣建材、相同的八角窗樣式、相似的市集、一樣的招牌樣式等）。這些特性可幫助觀察者將複雜的實體環境架構成一個整體，或形成相互連結的意象，換句話說，這些特性可讓環境中的元素組合成一體。

4. 主導性：指環境中某部分的意象因為規模、強度、觀察者的興趣而凌駕於其他部分之上，使環境以此主要特點為主，其他相關元素為輔（如哈佛廣場周邊地區）。此特性跟連續性一樣，會讓觀察者省略或融合某些視覺線索來簡

化意象。觀察者只要注意到實體形態，就會開始建構出意象。

5. 連接點清晰：指連接點和邊界接縫（如幹道交會處或是海濱）清晰可見，彼此關係和連結清楚（例如建物與座落地的關係，或地鐵站與地面街道的關係）。這些連接點是整體結構的關鍵，故須有清晰的意象。

6. 方向分明：不對稱、漸進變化、放射狀等道路形狀可區分出不同的兩端（例如一條通道向山上走、遠離海邊、往市中心去等等），或兩側有別（如一邊是建築，另一側是公園），或是辨認方位（如利用太陽的位置或是南北向大道的路寬來辨認）。在更大範圍內建構時，經常會考慮到上述特性。

7. 視覺拓展：指實際上或概念上能夠擴大範圍、提升視覺穿透度的特性，包括通透（如玻璃外觀或是底部架高的房屋）、重疊（某些結構位於其他結構後方）、能增加視覺深度的遠景或全景（如位於軸向道路上，有寬廣的開放空間或高處景色）、能從視覺上清楚構成空間的元素（焦點、比例、顯眼的物體）、能顯露出遠

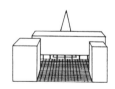

處物體的凹凸曲線（例如背景的山丘或蜿蜒的街道）、勾勒不可見元素的線索（例如未來可能成為區域特色的活動場景，或者用特色的細節來暗示鄰近的元素）。諸如此類的特性都是藉由拓展範圍、提高穿透度和解析度等視覺效率，來幫助觀察者掌握廣大複雜的整體環境。

8. 移動意識：指觀察者透過視覺和行進移動來感受的特性，可以是觀察者的實際動作或是即將進行的動作。此類特性包括上坡、轉彎、互相穿越的清晰度，還有提供觀察者動作視差和遠近的體驗、維持方向不變或改變方向，或讓間隔距離顯而可見。觀察者會在移動中去感受城市，所以這類特性非常重要，不管元素是否夠連貫（例如「先往左再往右」、「在急轉彎處」、「沿著這條街走三個街區」），這些技巧都能用以組織，甚至辨識環境，而且都能加強、拓展觀察者解讀方向或距離的感覺，並在移動中感受到城市形態。未來，通勤速度會越來越快，這些設計技巧在現代城市裡勢必需要更進一步發展。

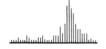

9. 時間序列：就是隨時間流動而逐漸能被感受到的序列，包括物體間的連結，也就是一個

元素和前後元素的關係（如隨意排列的各種地標）；以及真正經由時間組織的序列，而且本質上具有韻律性（就像地標形態的強度會逐漸增強，直到最高點）。前者（單純序列）極為常用，一般通道上隨處可見。具有韻律性的序列則較罕見，但現代城市規模既大又富有動態，此種序列更為重要，且亟需發展。時間序列是要建構元素的模式，而非元素本身，就如我們會記得旋律而非音符。在複雜的環境裡，甚至可以用上音樂中的對位技巧，也就是結合不同的旋律或韻律。這些方法十分複雜，要特別研究才能為人所用。我們現在需要嶄新的概念來發展形態的理論，亦即讓形態隨時間推移成為連續的整體；同樣地，設計原型也需要新的想法，讓意象裡的元素表現出具旋律般的序列，或是形成一連串空間、紋理、動作、照明、輪廓的序列。

10. 名稱和意義：就是可以提升元素可意象性的非實體形態。像名稱就可以彰顯物體的特色，或提供位置線索（城北火車站），而命名系統（例如一系列用字母命名的道路）也有助於組織元素。無論是哪種意義和關係，舉凡社會、歷史、功能、經濟、個人……都附加在實體特

性上，能強烈地突顯出實體形態中可能隱晦不明的特性或結構。

上述特性都無法單獨產生效果。如果一個特性單獨存在（如建材具連續性，但除此之外就沒有其他共同特點），或特性之間相互矛盾（例如兩個地區有同樣的建築樣式但功能不同），整體的意象就會很微弱，或需要觀察者費心去辨識和組織。因此，一定程度的重複、綴飾、強化似乎不可缺少。總而言之，一個地區如果有簡單的形態、一致的建築式樣和用途、獨特風格、邊界明確、與相鄰區域的接點清楚，加上視線流暢，觀察者就能清楚無誤地辨識這個環境。

整體感

用元素類型來討論城市設計，往往會忽略整體環境各組成部分之間的關聯。在整體環境裡，通道構築出整個區域，並將不同的節點連接起來。節點會連接並劃分出通道，邊界圍出區域，地標則標示出方向。組成部份彼此共鳴，交織出一幅緊湊生動的意象，拓展至整個都會地區。

必須強調的是，通道、邊界、區域、節點、地標這五類元素僅是為了方便而做的簡單分類，我們藉由這些元素來蒐集大量資訊。只要派得上用場，它們就會成為設計者手中的利器。設計者一旦充分了解各種元素的特性，就能夠規劃出整體意象，來讓觀察者循序漸進地感受城市，而各組成部分則變成意象的陪襯。假設設計者要沿一條通道設置十個地標，這些地標的意象特性，絕對跟它被單獨、突顯地設置在市中心有天壤之別。

城市形態要經過人為操作，才能讓大城市的多重意象（日夜、冬夏、遠近、動靜、集中與分散），產生一種連續性。主要的地標、區域、節點、通道應在多種情況下都能夠被輕易辨識，而且非得是可以具體辨識才行。並不是說在每種情況下意象都要相同，但假若路易斯堡廣場雪景的外觀與仲夏的外觀相符，抑或州議會圓頂在夜晚閃耀的方式讓人聯想到它白晝的樣貌，那麼意象的相對特性就會因為這種共同連結，而更引人細細品味。換言之，當觀察者可以將兩種截然不同的城市景致聯想在一起，然後擴及到整個城市，這樣幾乎就是最理想的意象，除此之外其他方式是無法做到。

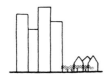

現代的城市十分複雜，除了連續性，還需要各個元素的對比與獨特性來提供愉悅感。本書的研究顯示，觀察者越來越熟悉城市後，就會越注意城市元素的細部和獨特之處。元素的鮮明生動，精確反映出功能和象徵的差異，會更有助於突顯元素的獨樹一幟。如果對比突出的元素相鄰、關係緊密，則對比會更形強烈，如此一來，每個元素便都具有了自己獨一無二的耀眼特點。

一個良好的視覺環境，不一定是要滿足人們的日常路程所需，也不是要加強城市的意義和感受，真正重要的是扮演引導者，刺激人們展開新的探索。在複雜的社會裡，有太多需要掌控和理解的關係。身在民主國家，我們反對排擠，讚揚個人發展，期待族群之間能有更廣且深的溝通。如果一個環境具有顯而易見的結構，各組成部分特色鮮明，那麼要去探索新領域將會更輕而易舉，也更讓人嚮往。如果有助於人們溝通的重要連接點（例如博物館、圖書館、會面點）都已明確設置，那些原本不願探索新領域的人，也可能因此躍躍欲試。

談到可意象性，城市的地形、既有的自然條件

這類因素已不像過去如此重要，現代都會的密度，甚至是涵蓋範圍和闡述環境的技術，都逐漸淡化了城市原有條件的重要性。當代都市地區所有的人造特徵和問題，往往超越了地形本身的獨特性。更精確地說，地域的特點不但是由原本的地理構造形成，也是因人類活動和慾望而改造的結果。此外，當城市漸漸擴張，重要的「自然」因素會變得更醒目、更關鍵，而非只是零星散布的元素。一個廣大區域的基本氣候、花草樹木、地貌、山川、河流都會比當地特點更重要。話雖如此，地形依然是強化都市元素意象的關鍵，例如鮮明的山丘可以劃定區域，河道和海濱是明顯的邊界，節點若位於地形關鍵處則可提升它的地位。而現代講求快速的通道，更為觀察者提供了絕佳的寬廣視野，更能掌握地形構造。

城市並非只為一人而建，而是為了眾多不同背景、不同性情、不同職業、不同社經階級的人而建。從分析結果可以看出，不同的人組織城市意象的方式天差地遠，他們依賴的辨向元素不同，產生共鳴的形態特性也相異。有鑑於此，城市設計者在規劃城市時，要盡可能提供豐富的通道、邊界、地標、節點及區域，還不能只

涵蓋一、兩種形態特性，而是得蒐羅萬象。只要做到這點，所有觀察者都可從中找到自己喜愛的、符合自己看待世界方式的意象材料。用一條通道來舉例，某人可能是用磚面來辨識，另一人記得的可能是它的大幅度轉彎，其他人想到的或許是沿路的小地標。

然而，若一個視覺形態過於鮮明、具體也有其風險，所以必須在觀察者感受的環境裡保留一定的可塑性。若去某個目的地的途中只有一條主要通道，加上幾個必經的節點或幾處被硬生生劃分開來的區域，那麼此地給人的城市意象就只剩一種。但這幅意象可能無法滿足所有人的需求，甚至連一個人的需求也無法滿足，畢竟每個人的需求都不斷在變動。如果環境不具可塑性，踏上一段不常走的路途就變得危險、難以應付，人際關係會變得支離破碎，景象也變得單調乏味，又壓力重重。

從波士頓的訪談中，我們可以發現波士頓規劃良好的地方，像是受訪者所選的通道似乎能自在地無盡延伸。波士頓居民有多條道路可通往目的地，這些道路全都結構良好，容易辨識。當地還有清晰的邊界，相互重疊形成網絡，因

此不論區域大小，都可以依據居民的需求和喜好用邊界圍出區域。另外，節點的特性在中心，而邊緣是可以變動的，如此一來，觀察者在組織邊界時就有了彈性，如果要改變區域形狀，可以隨時打散邊界，但是須維持鮮明的節點、主要通道、相似的區域同質性等重要的共同形態。無論如何，在大框架下需有一定的可塑性，充滿各種可能的結構和線索，讓每位觀察者都可建構自己的意象，這幅意象可以與他人交流，而且令觀察者感到安心、滿足，同時還可以結合觀察者的需求。

比起從前，現在的城市居民更常變更居住地，從一區搬到另一區，從一個城市搬到另一個城市。環境若有好的可意象性，就能讓人很快地適應新環境，產生家的感覺，漸漸地就不需要依賴長時間的體驗來組織城市意象。打造城市的技巧和城市功能不斷在改變，城市環境也隨之變化，但這些改變往往會擾動居民的情緒，打亂他們的城市意象。對此，本章所探討的設計技巧或許能有幫助，即使環境驟變，仍可維持可見的結構和連續性。當改變發生時，或許可以保留某些地標或節點，區域特點的主題單元可以延續至新的城市結構中，通道則可以再

利用或暫時保存。

大都會形態

現代大都會區的規模不斷擴大，通勤速度與日俱增，這些改變為感受周遭環境帶來了新問題。大都會區為環境加入了新的功能，若能讓居民清楚辨識和組織周遭環境就會非常理想。此外，人與人溝通的方式不停推陳出新，讓我們在如此廣大又彼此連結的區域裡生活、工作，也使我們得以用個人經驗建構出自己的城市意象。這種躍進到新的關注層次，在過去發生過，就如生活功能的躍進一樣。

都會區寬廣無垠，但區域各處的意象強度不盡相同，其中會有最顯眼的主角、寬闊的背景，還有焦點及連結組織。但是，不論意象是強是弱，每個部分都應該清晰明朗，並和整體環境有明確的關聯。我們可以推測，大都會的意象會包含高速公路、轉運線、空中航路、以水域或開放空間為粗略邊界的廣大區域、主要的購物節點、基本的幾何地形特色，或許遠處還有雄偉的地標。

不過，要為如此遼闊的區域理出脈絡可不容易。
有兩種技巧是我們已經很熟悉的：

第一，將整個區域規劃出靜態的層次，例如一
個區域裡含有三個次區域，每個次區域中又含
三個次次區域，依此類推；或者用另一種層次
規劃，就是區域裡各部分都聚焦在一個小節點
上，各個小節點像衛星那樣環繞著一個大節點，
再排列好大節點來襯出整個區域的主節點。

第二，利用一、兩個碩大醒目的元素，讓其他
較小的元素依附其上。舉例來說，可以沿著海
岸線興建各種建物，或者是由一條交通幹道為
基礎，設計出線形城鎮。廣闊的環境甚至能以
山丘等龐大地標做為中心，往四周擴張。

但是，以上兩種技巧似乎仍不足以解決大都會
的意象建構問題。第一種技巧雖然符合某些抽
象思考的習慣，卻否定了大都會裡元素之間連
結的自由度和複雜度。在大都會中，每個連結
都必須以迂迴、概念化的形式呈現，意即往上
則越普遍，往下則越特殊，即使中間的共同連
結可能與實際的連結沒甚麼關係。簡言之，這
個系統就像圖書館聯盟，而各圖書館間需要能

夠大量交互參照資料的系統。

隨著環境規模逐漸擴大，要以主要元素為中心，並立即展現出周邊的關聯與連續性會越來越困難，因為主要元素的尺度要相當可觀，才有辦法在都會區中突顯出來，而且還要有足夠的「表面積」，讓次要元素能和主要元素適度連結。以河流為例，河面夠大、河道夠蜿蜒，才能讓所有的建物都沿著河岸建築。

雖說如此，前面那兩種方法或許還是派得上用場，若能實際檢驗它們能否將廣闊的環境組織起來就好了。空中航行或許可以檢驗它們的成效，因為空中航行在概念上來說，是靜態而非動態的體驗，觀察者在飛機上便可將大都會地區盡收眼底。

除了上述體驗大型都市區域的方式，還有另一種更吸引人的環境組織方式，就是按照時間順序（時間規律）來體驗。這跟音樂、戲劇、文學、舞蹈的概念雷同，如此一來，要感受和研究一條路上的連續元素就變得相當容易。例如觀察者在高速公路上移動時，會有一連串元素迎面而來，他只需分配一些注意力，使用適當的工

具，就可以將這樣的體驗塑造得極富意義。

可逆性的問題也有辦法處理，因為多數通道都可雙向通行。一系列的元素須有順序形態，正向或反向皆可，可以採中點對稱的作法或用其他複雜的方法達成目的。但是，城市規劃還有其他棘手的問題，比如順序除了可以顛倒，甚至可能會在許多地方被打斷。一段順序從楔子、論述、鋪陳、高潮到結尾精心排列，如果有駕駛直接從高潮點切入，這個順列的用意就白費了。因此必須找出能夠任意打亂、顛倒的順序，讓順序就算被打亂，仍可保有充分的可意象性，就像系列雜誌一樣。如此就可以引導我們開創更多樣的形態，不再侷限於傳統式的起承轉合，而演變成如爵士樂般悠揚不輟、又旋律繽紛的形態。

除了前述沿著單一路線移動來組織環境的方式，都市地區也可由既有順序構成的網絡來組織，藉此測試規畫提案是否可行，然後觀察每條主要通道、每個方向、每個入口點等元素順序是否調整得宜。舉例來說，若通道呈放射狀交會等形態，就能讓觀察者感受得到；但是，如果是呈柵欄狀等向外擴散且複雜交織的網

絡，就讓人難以建構意象。此處的順序就整體而言是朝四個方向延伸，不過若是在更複雜的空間裡，這種規劃就會有點麻煩，像是調配城市網絡中的交通號誌系統一樣。

我們也能把線上的點反向排列，或從某條線轉移到另一條線上。一系列的「旋律」（元素）可以倒過來演奏，不過這種技巧或許得等更悉心觀察、更有銳利眼光的觀察者出現，才有可能派上用場。

可是，這種組織既有順序的動態方法似乎還不夠理想，環境依然無法被視為整體，而是組成部分（順序）的集合，只是彼此不互相干擾。我們可以直覺想到勾勒出整體脈絡的方法，這種脈絡只能在循序漸進的體驗中逐漸感受、發展，也可以任意翻轉或打亂。這種環境給人的感覺是一個整體，但卻不見得有極為統一的脈絡，不一定有中心點或是獨立的邊界。它最基本的特性是順序間的連貫性，也就是每個組成部分都承先啟後，在任何區域或方向都可感受到彼此之間的關聯。在這樣的環境裡，某些區域會較能激起觀察者強烈的感受，也容易組織，而這些區域是連續的，觀察者可以想像自己用

各種順序來回穿越。只不過這種可能性目前純靠臆測，尚未出現令人滿意的實例。

也或許此種整體脈絡根本不可能存在，若是如此，先前提到用來組織廣闊區域的技巧，如階層、醒目元素、有順序的網絡等將始終停留在猜測階段。但是，若以上技巧真派得上用場，就需大都會規劃管控，讓我們拭目以待吧。

設計的過程

所有現存且運作中的都市區域都有其結構和特性，即便像澤西市那樣微弱，也還不到混亂的地步，如果不是如此，那澤西市就根本不適人居。生動的意象往往隱藏在環境本身之內，例如澤西市的佩利賽德岩壁便隱含了半島的形狀以及與曼哈頓的連結。常見的挑戰是要如何精確地重塑既有的環境，要重塑環境就要探索鮮明的意象並記錄下來，解決意象概念上的難題，以及最重要的，就是從一片混亂中抽絲剝繭，理出結構與特徵。

另有些時候，像是都市進行大規模重建時，城市設計者就面臨了創造新意象的問題，這個問

題在都會區周邊的郊區格外明顯。郊區是都會區的延伸，景觀基本上截然不同，其概念也需要組織。現在環境使用強度之高和開發規模之大，使得環境景觀的自然特性不足以引導人們感受自然環境的結構。照目前都市建設的速度來看，根本沒有時間讓人以微弱的力量緩慢地適應各種形態，因此我們比以往更依賴人為設計，也就是操作環境來提升感官享受。過去雖有豐富的都市設計實例，但現在我們必須在與以往截然不同的時空規模上操作。

城市或大都會區的形塑與再形塑過程，應由所謂的「視覺規劃」來引導。視覺規劃就是為都市規模的視覺形態所設計的建議和管理方法，此規劃的前置準備可從分析既有形態和大眾意象開始，讀者可參考本書附錄 B 中詳盡的方法描述。分析的結果會產出一系列的圖表和報告，它們可說明主要的大眾意象、根本的視覺問題和契機，還可顯示主要意象元素間的關係，細說其特性以及能夠改變的地方。

植基於這樣的分析，設計者便可繼續發展出城市規模的視覺規劃，目的是加強大眾意象，不過視覺規劃不應受限於此分析報告。視覺規劃

的內容包括標定元素位置，保留某些地標，發展出通道的視覺階層、建立區域的主題單元，或是創造、釐清節點。其中最重要的，是處理元素之間的關係、觀察者移動時對這些元素的感知，以及在概念上將整個城市視為整體視覺形態。

然而，除了某些重要節點，實體環境的改變不見得能從美觀與否來判斷，但視覺規劃確實可以影響由其他因素造成的形態改變。這樣的視覺規劃必須能融入區域規劃的其他層面，成為一個綜合計畫裡的標準及整合的部分。如同計畫的其他部分，視覺規劃也須不斷修訂與發展。

以城市規模來管理視覺形態有許多不同的方式，包括一般的區域劃分措施、諮詢評估檢視、對私人設計的影響、重要節點的嚴格控管、高速公路或市政大樓等公共設施的正面設計等等。一旦未來目標明確，就要全面了解問題所在，並研究出必要的設計技巧，這點會遠比取得官方建築授權困難。換句話說，在實施鋪天蓋地的城市控管前，還有許多事情要完成。

這種視覺規劃的最終目的不在於實體形態，而

是人們心中的意象特性。因此要提升這樣的意象，當務之要是訓練、教導觀察者觀察自己的城市，觀察城市的多重形態以及各種形態之間如何交融。建議可以帶居民上街、在各級學校開授課程、將整個城市變成社會和未來希望的動態博物館，這樣的教育不僅可用來發展出城市意象，還能在經歷惱人的改變後扭轉城市的意象。城市意象的藝術需要有見聞廣博、眼光獨到的觀眾，教育和環境的改變都是整段過程的一部份，將永不停歇地進行下去。

如此費盡心力賦予城市形態，是能夠提高觀察者的注意力、豐富觀察者的體驗。就某種程度而言，為提升城市意象而重塑城市的過程，能使城市意象更鮮明，就算最終的實體形態十分粗糙亦然。如此一來，城市的居民就會像業餘畫家那樣開始環顧周遭世界，會像室內裝潢新手得意於自己打造的起居之處，也會開始評判他人的作品。這樣的過程若沒有漸強的控管和評判，很可能會徒勞無功；但是，不管「美化」城市的過程如何笨拙，都可以提升城市的能量和凝聚力。

第五章

新的尺度

本書第一章點出了城市感知的特質，並總結都市設計這門藝術在本質上必須與其他藝術有所區別。唯有環境意象的生動鮮明與連續性被突顯出來，能帶給人的愉悅和功用才得以有機會表現。

意象是觀察者與被觀察的物體間雙向作用的產物，在這過程中，設計者所能形塑的外部實體形狀扮演了重要的角色。此外五種都市意象的元素也被一一詳述，並以許多篇幅討論它們的特質與相互關係。在此討論中所採用的資料，大多來自針對三座美國城市中心地區的形態和大眾意象的分析，在這些分析過程中，我們發展出可意象性的實地考察和抽樣訪談的方法。

雖然本書大部分探究的內容主要是個別元素的特徵和結構，以及它們在小型複合體中的脈絡，

但最終仍會探討到未來城市形態，做為一個整體要如何形成。整個都會區有清晰而全面的意象，是未來的基本要求，而此意象若能加以發展，則可把城市體驗提升到新的境界，與當代的城市功能相當。要營造這樣的意象就涉及新的設計議題。

現在大尺度的可意象性環境不多，但當代生活的空間營造、行動的速度、新建物興起的速度和規模，在在顯示了我們可以、而且必須透過有自覺的設計，來打造這樣的環境。而本書即便只是初探，亦指出了達成此種全新設計的方法。本書的論述重點，在於一座大城市的環境是「可以」擁有讓人感知的形態。現在鮮少有人試著設計這樣的形態，這個問題或是被忽略，或是被貶低與建築或基地規畫的零星應用。

顯然地，一個城市或是一個都會的形態不會自己展現出龐大、層次井然的秩序，而是有錯綜複雜的脈絡，連續且完整，卻又有細微處，並且是可變動的。這個形態必須隨著居民的感知習慣而有彈性，能適應功能與意義的改變，並能包容新意象的形成。它必須邀請觀察者一同探索這個世界。

確實，我們需要的環境不但要井然有序，還要富有詩意和象徵。它應該傳達出每個人及其複雜社會的心聲，道出他們的抱負和歷史傳承、自然景觀、城市複雜的功能與活動。但要建立強烈象徵的第一步，是要有清晰的結構和鮮明的特徵。一個城市得先成為吸引注目、結構嚴謹的**居住地**，才能成為這些意義與各種關聯的發源地。這種居住地的感覺本身就能提升任何在當地發生的活動，並能鼓勵人們留下日後回味的美好回憶。

因為有著密集交織的生活網以及形形色色的人際關係，大城市是個浪漫的地方，充滿點點滴滴具象徵性的細節。正如弗拉拿根（見參考書目21）所說，「令我們困惑的景觀」是既燦爛奪目又駭人。只有當景觀是可辨讀、真正可以被看得見時，豐富的景觀與其力量所帶來的愉悅才能將恐懼與困惑取代。

在發展意象的過程裡，教導大眾怎麼觀看與重塑所看到的事物同等重要。這兩者加起來形成一個循環，希望是一個向上的循環。視覺教育能促使居民對眼睛所見的世界採取行動，而這樣的行動又讓居民的觀察更為敏銳。都市設計

這門高度發展的藝術與有品味且專注的觀察者息息相關，如果藝術和觀察者能一同成長，我們居住的城市將能造福數百萬位居民，成為人們每日歡樂的泉源。

附錄

A 關於辨向的參考資料

環境意象的相關參考資料相當常見，包括古代或現代的文獻、旅遊或探險書籍、報章雜誌、心理學或人類學研究等等。這些文獻通常很零散，但並不罕見，而且發人深省。瀏覽這些文獻可以讓我們了解意象是如何形成，這些意象有哪些特點，以及它們在我們生活中扮演了哪些社會、心理、和實際的角色。

例如透過人類學家的敘述，我們可以推斷原始人與他們所居住的環境關係非常密切，他們會區別不同的景觀並分別命名。環境的觀察者必須仰賴地名，即便是無人居住的地區也是一樣，同時他們也對地理抱有濃厚的興趣。環境就是原始人文化的一部分，他們與自己所處的環境和諧共處，在其中工作、創造、玩樂。大部分的情況下，原始人完全認同自己的土地，不願意離開，因為這塊土地象徵著不確定世界中的連續與穩定（見參考書目4,38,55,62）。蒂蔻皮亞島（聖

克魯斯群島）的居民說：

大地永存，但人類會消逝；人類逐漸衰弱，終
將埋置地底。我們的存在轉瞬即逝，但大地的
存在亙古不衰（見參考書目 19）。

而環境不僅富含意義，意象更是生動鮮明。

某些神聖的地方凝聚了人們深厚的情感，因而
成為關注的焦點，不同區塊有明顯的區隔，林
林總總取了許多名字。雅典衛城洋溢著悠久的
文化與宗教歷史，每一小塊地區都以不同神祇
的名字命名，精細到幾乎每個石塊都有與眾不
同的名字，使得後來的翻修工作十分困難。位
於澳洲中部麥克唐奈爾山脈的艾蜜莉山口，是
座長 100 碼、寬 30 碼的小峽谷，對當地原住
民而言，這個地方是眾多傳說不折不扣的發源
地（見參考書目 72）。蒂蔻皮亞島上的毛利埃是叢
林裡一處神聖潔淨的地方，每年只會在舉行宗
教儀式時使用一次。這一小塊地呈長方形，卻
涵括了二十幾個地名（見參考書目 19）。在更為開
化的文化裡，可能整個城市都是聖地，例如伊
朗的馬什哈德或西藏的拉薩（見參考書目 16,68）。
這些城市承載著不同的地名、回憶、獨特的形

態和神聖的場所。

從古至今，環境意象一直是我們生活中不可或缺的要素，但對現代多數人而言，環境的意象可能已經不再那麼生動特別了。在近代的奇幻故事裡，英國作家 C.S. 路易斯想像自己進入了另一個人的內在世界，在那個人面對外界所產生的意象中遨遊（見參考書目 43）。在此意象中，光線灰暗，辨別不出天空，此外還有一些一團一團軟糊糊、呈現模糊暗綠色的東西，他仔細盯著瞧了半天，才終於認出那些東西是假樹，樹底下有軟軟的東西，是灰濛濛的青草色，但卻看不到分開的葉片。他越靠近看，整團東西就變得更污濁、更模糊不清。

環境意象原本的作用，是要讓建立意象的個體可以順利移動。對原始部落而言，地圖正確與否可能攸關生死，例如澳洲中部的盧瑞卡人，因原居地連續四年遭逢乾旱，不得不離開家園，他們就是憑藉部落裡最年長的耆老對地形的精確記憶，才得以倖存（見參考書目 55）。這些長者憑藉多年來的經驗以及祖先流傳下來的教導，知道哪裡有水泉，因而能平安帶領族人橫越沙漠，脫離險境。對南海的航海者來說，學會辨

別星象、海流跟海的顏色相當重要，因為每次出航都是拿性命做為賭注。這些辨向的知識除了讓人得以移動，也可能帶來更好的生活水準。例如在普魯瓦特島（加羅林群島）當地有一所著名的航海學校，專門指導海上航行的技能，也因為普魯瓦特島的居民擁有這項技能，他們多是海盜，可以在很大的範圍內以襲劫島嶼維生。

雖然這樣的技能就現在來看，早已英雄無用武之地，但我們可以從另一個角度來思考，想想那些腦部受傷、喪失組織周遭環境能力的人（見參考書目 15,47,51）。這些人或許可以理智地思考、說話，甚至可以毫不費力地辨別物體，但卻無法有系統地組織環境的意象。他們一旦走出房間就會找不到回去的路，只能無助地徘徊，除非有人帶他們回去，或是他們偶然撞見熟悉的景物細節。他們必須縝密詳盡地記下一連串細節，才可能移動到目的地，而且每個細節都必須環環相扣，下一個細節一定要位於距離上一個地標很近的範圍內。我們常常僅憑藉某些獨特的、獨立的意象來辨識出特定地點。有人可以靠一個小標誌認出一個房間，另一個人可能藉由路面電車的號碼認出某條街。如果這些意

象被竄改了，他們就會認不出來。無獨有偶地，這種情況跟我們初到一個不熟悉的城市時如出一轍。不過對腦部受創者來說，找不到方向的狀況無可避免，而迷路對現實生活及情緒上的影響是相當大的。

我們迷路時會感到恐懼，那是因為所有會移動的生物都有在環境中定位的需求。傑卡德曾引用過一個非洲土著迷失方向的例子（見參考書目37），他們會驚慌失措，甚至跌進灌木叢裡。威特金（見參考書目81）則描述過一位資深飛行員曾經搞不清楚自己的飛行高度，對他來說，那是他一生中最恐怖的經歷。還有許多作家（見參考書目5,52,76）描述在現代城市裡短暫迷路的故事時，會說到迷路所帶來情緒上的折磨。必奈特提過有一個人每次從巴黎坐火車到里昂，中途一定要在某個車站下車，雖然這樣比較不方便，但卻符合他印象中對里昂和巴黎相互位置關係的錯誤意象（見參考書目5）。另外我們有位受訪者，每次在某個小鎮過夜時，總會感到頭暈，就是因為他一直搞不清楚那裡的方位所致。從許多資料文獻中都可證實，最開始組織一個環境時所形成的錯誤意象，會為人帶來持續的不安（見參考書目23）。布朗曾在實驗中利用迷宮這種非常

人工的環境，發現受試者會對很簡單的地標產生感情，就算只是一塊破板子，也能讓他們感到心安、熟悉（見參考書目8）。

辨認方向是環境意象的最基本功能，人在辨向之後才能建立情感。但意象的價值，不僅在於像地圖一樣能讓我們馬上找出移動的方向，更廣泛地說，是可以做為一個更大的參照系統，讓個體得以在這個系統內移動，並且將自己的知識依附在這個系統內。如此一來，環境意象就成了一種信仰或一套社會習俗，用來組織事實和各種可能性。

清晰分明的景觀可以代表其他族群或是具有象徵性地點的存在。波蘭人類學家馬林諾斯基在探討新幾內亞沿海特羅布里恩德群島上的農業時提到，若在樹叢和空地後方有一片高聳的樹林，表示那個地方是一個村莊，或是外人不得進入的禁地（見參考書目46）。同樣地，高聳的鐘樓標記出威尼斯平原上不同的城鎮，就像高聳的穀倉是美國中西部各城鎮的象徵一樣。

環境意象還可以組織活動。例如在蒂蔻皮亞島，當地人每天工作往返的路上有好幾處他們習慣

休息的地方（見參考書目 19），這些地點建構出他們每日通勤的樣貌。這座島上的聖地毛利埃，有一小處充滿著各種地名的空地，這些地點之間的細微差異是當地複雜宗教儀式的重要特徵。在澳洲中部，原住民神話裡的英雄總是沿著「夢世紀」（dreamtime）的道路移動，而這些道路就成為景觀意象裡鮮明的部分，並且原住民走在這些路上時會感到格外安心（見參考書目 53）。在普拉托里尼的自傳小說裡有一個驚人的例子，他說有一群人每天會穿過佛羅倫斯一塊已被夷為平地的空曠地區，走在根本不復存在、只存於他們想像中的道路上（見參考書目 56）。

有時候，辨視環境、發現環境的脈絡是建構知識的基礎。非洲學家拉特雷十分敬佩非洲迦納阿桑蒂地區的醫生，他們致力於認識森林中各種動植物和昆蟲的名稱，了解它們的內在特質。這些醫生能夠閱讀森林，就像在讀一份複雜且永遠敞開的文件（見參考書目 61）。

景觀也具有社會角色功能。一個有名稱的環境能為人所熟知，提供居民共同的記憶以及凝聚群體的象徵，並讓彼此之間溝通交流。景觀變成了一個巨大的記憶系統，保存了眾人的歷史

和理想。澳洲心理學家波蒂厄斯認為，雖然澳洲的阿倫塔部族可以不斷重複敘述很長的神話故事，但這並不代表他們有特殊的記憶力，而是因為村莊裡每一個景色細節都是傳說的一部分線索，每個景色都能幫助人們回顧共有的文化（見參考書目55）。法國哲學家與社會學家莫里斯 · 赫伯瓦克以現代巴黎為例，提出了相同的觀點。他說不變的實體景觀形塑了巴黎人的共同記憶，成為凝聚當地人、讓他們得以互相溝通的強大力量（見參考書目34）。

將景觀組織成環境意象還有助於克服恐懼，建立起人與整個環境之間穩固安全的關係。以下引用關於澳洲中部盧瑞卡人的例子來佐證。

這些奇形怪狀的岩石是如此巨大，大到連見多識廣的白人都嘖嘖稱奇。盧瑞卡孩童出生在這些巨岩陰影下，部族傳說讓他們與部落產生連結，同時也是他們最重要的慰藉來源。即使這些巨石象徵的是祖靈漂泊的證據，也能因此拉近孩童與祖先的關係。傳說和神話不僅是用來消磨夜晚時光的故事，而且是讓這些原住民堅強、戰勝恐懼和未知的方法之一。由於孤獨，這些原住民的內心經常受到恐懼的折磨，也難

怪他們對這樣的想法深信不疑，相信這巨大、冷漠甚至不友善的大自然，以其各種驚人的樣貌，紀錄下部族的歷史，但是只要使用魔法，大自然就能臣服於自己的控制之下（見參考書目55）。

即使一個人不是處在那麼孤獨或恐怖的環境裡，被可辨視的景物環繞，還是會帶給人一種愉悅的熟悉感跟心安理得。正如內特西里克的愛斯基摩人所說：「四周被個人物品的氣味所環繞。」

的確，若能叫出環境的名字，區分出不同的環境，就能使環境意象更為鮮明，因而為人類經驗增添深度和詩意。例如西藏的路名可能叫「禿鷹的困境」或「鐵匕首小徑」，這樣的路名不僅深富描述性，同時還詩意地展現部分西藏文明（見參考書目3）。有一位人類學家如此形容阿倫塔的景觀：

沒有經歷過的人是不可能領會神話裡生動的景象。我們穿越那個村落時，眼前所見不過就是刺槐灌木叢、橡膠林裡的小溪，地勢高低起伏，還有一些開闊的平原，然而原住民的歷史卻賦

予了這塊土地生氣……生動的傳說故事讓探訪者感覺這塊有人居住的土地生機勃勃，村民們忙碌地熙來攘往（見參考書目54）。

現在我們會利用座標、編號或抽象的命名方式來更有條理地描述環境，卻往往忽略了生動具體的特質，而這些特質才是絕不會搞錯的辨識形態（見參考書目40）。沃爾和斯特勞斯舉了許多例子，說明一般人如何為自己所居住的城市找到簡明實體的象徵，藉以組織自己對城市的印象，以利日常生活的進行（見參考書目82）。

法國作家普魯斯特在《在斯萬家那邊》一書中，生動地描述了坎布里教堂的尖頂，就是一個最好的例子，概括說明了意象清晰的環境所帶給人的感受和價值。他在坎布里度過許多童年的夏季時光，教堂尖頂不但象徵了他所居住的小鎮，標示出所在地，還深深地融入他的日常生活裡，並在心中銘刻下永遠的記憶。一直到長大後，他都不斷追尋這幅景象：

尖頂教堂是一個人永遠的依歸，它總是居高臨下，以出奇的塔尖統領了所有的房屋（見參考書目57）。

辨位系統的類型

意象可以藉由不同的方法組織，有可能是透過一個抽象的、概括的辨位系統，這些辨向系統有時很清楚易懂，有時只是使用者用來定位或建立地貌特點關聯性的慣性動作。西伯利亞的楚克其人可以藉由太陽的位置，在三維空間中區分出二十二種羅盤方位。其中天頂、天底、午夜（北）、正午（南）這四個方位是固定的，另加上十八個方位，這十八個方位是根據一天中不同時間太陽的位置而制定，所以也會隨著季節而有所變化。這套系統在決定楚克其人臥房的方位上，扮演相當重要的角色（見參考書目6）。密克羅尼西亞人航行於太平洋時，會採用一套非常精確的辨向系統，這套系統不對稱，而是跟星座和島嶼的方向有關，約有二十八到三十種方位（見參考書目18）。

中國華北平原則是採用一套相當嚴謹的辨位方式，這套方法背後有一種很強烈的魔幻意涵，北邊代表黑暗和邪惡，南邊則是紅色、喜樂、生命、太陽，這個概念嚴格支配了所有宗教建築和重要建築的位置。事實上中國所發明的「指南針」的主要用途不是用於航海，而是用來辨別建築物的坐向。這種辨位方式非常普及，連

平原上的住民都會用指南針上的方位來為他人指引方向，而不是用我們習以為常的左邊或右邊，而且這套組織環境的系統不以人為中心，方向不會隨著人移動而改變，而是固定不變的，獨立於個體之外（見參考書目80）。

澳洲的阿倫塔人在講到某個東西時，會自然而然地提這個東西與自己的距離、方向、是否看得到等等。另外有一位美國地理學家曾撰寫過一篇論文，談到利用東西南北四個方位辨向的重要性，卻驚訝地發現台下聽眾中，多數居住在城市的人，早已習慣用顯眼的都市特點來辨別方向，根本不需要東西南北。但這位地理學家從小成長在一個開闊的鄉下地區，放眼望去都是山（見參考書目52）。愛斯基摩人或住在撒哈拉沙漠的人可以辨視出特定的方位，但他們靠的不是天體，而是風向或因為風吹形成的沙丘或雪堆的形狀（見參考書目37）。

在非洲某些地區，主要的方位可能不是那些抽象的或固定的方位，而是正對著自己居住範圍的方向。傑卡德就曾舉過一個例子，提到好幾個非洲部落共同紮營時會自動分群，然後各自朝著自己家的方向紮營（見參考書目37）。他後來

又提到法國商人的例子。有一群法國商人連續在好幾個陌生的城市做生意，但他們說自己不太會注意地名或地標，只會記得回到火車站的方向，一旦工作結束，就直接朝那個方向走。澳洲墳場的規劃則是另一種例子，墳墓全部都是朝向死者信仰的圖騰中心或心靈歸依的方向（見參考書目72）。

蒂蔻皮亞島的辨位系統是另一個例子。這套系統無法適用於所有地方、不是以人做為中心點，也不以某個方位為基準，而是以環境中的一條邊界為基準。這座島很小，幾乎所有景物都在觸目所及的範圍內，總是聽得海的聲音，島上的人便用**島內**跟**面海**來界定所有的空間，就連屋內斧頭擺放的方向都是這樣區分。紐西蘭民族學家弗思曾聽到一個人對另一個人說：「你面海的那側臉頰上有泥巴。」這套辨向系統在島民的腦中根深蒂固，使得他們很難理解大面積區域的概念。他們的村莊沿著海岸線排列，指引方向最常見的說法就是「下一個村莊」，或是「再下一個村莊」，以此類推，是一套很簡單的一維辨位系統（見參考書目19）。

有時候環境不是用一個一體適用的辨向系統來

組織，而是透過一個或多個強大的焦點，其他事物似乎都「指向」這些焦點。在伊朗的馬什哈德，靠近中央神廟的物體都被賦予了高度的神聖性，就連掉落在聖地範圍內的灰塵都不例外。通往城市路上有個制高點，會是朝聖者第一次看到清真寺的的方，這個制高點本身便相當重要。而在城市內，只要走在通往神廟的街道上，最好要行鞠躬禮。這個神聖的焦點賦予了城市方向性，組織出整個周遭區域（見參考書目16）。這就像是在羅馬天主教堂內，信徒經過聖壇中心時會屈膝行禮，聖壇位置即建構出教堂內部的方向性。

佛羅倫斯在鼎盛時期的數世紀以來，也是這樣組織方位的。當時描述方位以及定為地點的依據都是不同的「焦點」，包括涼廊、燈光、盾徽、禮拜堂、望族的宅邸、小店等重要店舖。後來這些「焦點」的名稱變成街道名，直到一七八五年才建立起一套系統，並有了路標。佛羅倫斯在一八〇八年更進一步設立門牌號碼，此時整座城市才改用通道做為辨位系統（見參考書目11）。

老舊的城市經常會用地區來建構環境意象並做

為辨位系統，因為各個地區和人口相對來說都很穩定，彼此互不干擾，而且各具特色。羅馬帝國時期，只有特定幾個小地區才有地址，可以想見，如果到了這些地區，只要向人問路，就可以抵達最終目的地（見參考書目 35）。

環境的概念也可以透過移動路線來建立。以澳洲的阿倫塔人為例，他們用一個傳說中虛構的通道網來組織一個區域，這些虛構的通道將一系列擁有代表圖騰的獨立「邦國」或部族土地連接起來，這之間則是任其閒置的土地。通常只有一條道路可以正確通往存放圖騰物的聖地，但平克說曾有一位嚮導帶他繞了很遠的路才抵達聖地（見參考書目 54）。

傑卡德提過一位撒哈拉沙漠中著名的阿拉伯嚮導，他可以辨識出非常不明顯的路徑，對他來說，整個沙漠就像一張通道網。舉例來說，即使他的目的地就在廣大沙漠的另一頭，觸目可及，但他還是得費盡千辛萬苦，沿著幾乎看不見的蜿蜒路徑行走，因為這已經變成了一種習慣，畢竟一旦出現風暴和海市蜃樓，遠方的地標就會變得不可靠（見參考書目 37）。另有一位作者提到沙哈拉沙漠的「Medjbed」，指的是一

條駱駝走出來的洲際通道，綿延數百公里，沿途會經過一個個沙漠中的水泉。這些通道的交叉點以石頭堆來做記號，因為如果迷失方向的話，就可能賠上性命。這位作家描述到沿著這樣的路前進，需要多麼堅強的意志，近乎神聖的毅力（見參考書目24）。非洲叢林則是另一種截然不同的地貌，糾結的路徑跟大象行走的小徑交錯，當地人卻可以從中理出頭緒，就像我們行走於城市街道一樣在叢林裡穿梭（見參考書目37）。

法國作家普魯斯特曾經生動地描述威尼斯的通道辨位系統帶給他的感受：

我的貢多拉小船沿著狹小的運河前行，像是有位精靈伸出神祕的手，牽引著我穿過這座東方的迷宮城市。我一面前進，河面似乎為我雕刻出一條道路，從擁擠的城市中心劈開，裂出一條不規則的狹小隙縫，兩旁高大的房屋有摩爾式的小窗戶。這位神祕的嚮導好像一直秉燭為我指引方向，以一束光線照射出前方的通道（見參考書目58）。

布朗曾做實驗讓受試者矇著眼睛走迷宮，他發

現即使在如此苛刻的條件下，受試者至少使用了三種辨向方法：一是記住移動的順序，如果順序不正確，就很難重建移動路徑；再來是一組能標示出地點的地標（粗糙的木板、聲音來源、溫暖的陽光光線）；最後是對房間方位的大致掌握（舉例來說，要找到正確的路，可以想像自己是沿著房間的四邊移動，然後繞兩圈朝中心前進）（見參考書目 8）。

意象的形成

環境意象的形成是觀察者和被觀察物體間雙向作用的結果，觀察者看到的是取決於物體的外觀形態，但觀察者如何詮釋、組織眼前的物體、投注多少注意力，也會影響他看到的景象。人的適應力極強，能因應環境調整，因此不同的族群面對同樣的外部環境，可能會產生截然不同的意象。

人類學家跟語言學家薩皮爾舉了一個有趣的例子，說明南派尤特人的語言中，投注不同注意力的程度。南派尤特人的語言裡有許多可以用來精確形容地形的字彙，例如「被山脊包圍的一塊平地」、「峽谷向陽的那一面」、「被幾

個小山丘切穿的起伏城鎮」。要形容半乾旱地區的特定地點，這種描述地勢的精確字彙是不可或缺的。他還提到，這種特殊的印地安語不像英語，沒有「雜草」這種概括性的詞。做為他們食物和藥草來源的各種植物都有不同的名字，這些不同的名字讓人能夠區分這些植物是生的還是已處理過的，或是它的顏色和成長階段，就像英語中有分小牛、母牛、公牛、小牛肉和成年牛肉一樣。他還另外提到，在某個印第安部族的語言裡，甚至沒有太陽和月亮之分（見參考書目66）！

愛斯基摩阿留申人的母語中，沒有任何形容地表垂直景觀的詞，包括山脈、山峰、火山這一類都沒有，不過只要是平面、跟水有關的物體，不論再小，都有自己的名稱，例如小溪、河流、池塘，或許是因為不論水道多小，對於在冰上遷徙的阿留申人來說，都是攸關生死的環境特點（見參考書目26）。愛斯基摩的內特西里克人對地表液態水體的特徵也很講究。在拉斯姆森原住民所繪的十二張簡要地圖上，共有五百三十二個地名，其中有四百九十八個指的是島嶼、海岸、海灣、半島、湖泊、溪流、淺灘，十六個是丘陵或山脈，只有十八個零星指涉岩

石、溝壑、沼澤、聚落。榮格也提過一個有趣的例子，一位訓練有素的地質學家僅靠辨識裸露岩石的地質紋理，就能不費吹灰之力，在起大霧的阿爾卑斯村莊中前進（見參考書目83）。

另一個比較罕見的例子是天空的反射。北極探險家斯蒂芬森提到，在北極，離地面很近的雲朵會有一致的顏色，能反射出地表的景致，在開放水域上方的雲呈黑色，在海洋浮冰之上的呈白色，在陸地冰層上方的顏色則稍微深一些。在橫越廣闊無垠的海灣、眼前景色全在地平線之下時（見參考書目73），天空反射的地表變成極具價值的辨向工具。天空反射法在南海海域很常用，這種方法不僅可以用來定位地平線下的島嶼，還可從反射辨識出島嶼的顏色和形狀。關於利用大範圍形態來辨向的例子，可參考澳洲航海家加蒂最新一部關於航海的著作（見參考書目23）。

這些文化差異除了跟所受到關注的地理特徵有關，也跟當地人如何組織這些特徵有關。在阿留申人的母語中，阿留申群島沒有特定名稱，畢竟阿留申人跟旁觀的我們不同，他們認得出一整群島鏈的相關位置（見參考書目17）。阿倫塔

人分類星體的方式跟我們相去甚遠，他們經常把明亮、位置相近的星星歸到不同類，卻把星光微弱、距離遙遠的星星分成同一類（見參考書目45）。

我們的感官機制有絕佳的調整適應能力，不同的人類族群都能辨視出景觀中的特點，感受其中差異，並且為所有微小細節賦予意義。即使是身在澳洲一望無際、灰撲撲的茂密刺槐林裡，或是愛斯基摩一整片白皚皚的雪地，讓人根本無法分辨陸地跟海洋，或是霧氣深重、詭譎多變的阿留申群島，以及玻里尼西亞附近「無跡可循」的茫茫大海，這些外人從表面看起來毫無辨識線索的地方，對當地人而言卻依舊清晰可辨。

過去有兩個原始部落發展出辨向的地理科學，一直到近代，西方的製圖技巧才超越他們的成就。這兩個原始部族就是愛斯基摩人和南海的航海者。愛斯基摩人能夠徒手繪製可以實際派上用場、廣達四百到五百英里的地圖，對其他地區的人來說，不拿現成的地圖做參考根本很難畫得出來。

太平洋加羅林群島訓練有素的航海員也有一套辨別航向的精密系統，這套系統與星座、島嶼位置、風向、洋流、太陽位置、海浪方向有密切的關係（見參考書目 18,44）。阿雷勾曾舉一位資深舵手為例。這位舵手能夠用玉米粒排出群島裡的所有島嶼，標出相對位置，說出每座島嶼的名稱、是否容易前往，以及每座島上的產物。這群島從東到西的分布範圍可是長達一千五百英里啊！不僅如此，他還能用竹子做羅盤，觀察主要的風向、星座、洋流來為自己導航。

這兩種孕育出驚人的抽象能力和感官注意力的文化有兩個共通點：

第一，他們所處的環境不論是雪地或水域，幾乎都沒有明顯的特徵，或只有細微的差異。

第二，這兩群人都被迫到處遷徙。愛斯基摩人為求生存，不得不隨季節遷徙並改變狩獵方式；南海最優秀的航海員並非來自物產豐饒的高地島嶼，而是自然資源匱乏、乾旱頻仍的低地小島。撒哈拉沙漠的圖拉奇游牧民族也是類似的部族，他們也有幾乎一模一樣的辨向能力。

另外，傑卡德則提到，養成定居農耕習慣的非洲原住民，會比較容易在自己居住的叢林中迷失方向（見參考書目 37）。

形態的作用

前面說了這麼多人類感官能力的靈活度和適應力，我們必須強調，有形物體的實際形體也扮演了重要的角色。特徵不明顯的環境催生出高超的辨向技巧，這點便說明了外在形狀的影響。

要在這種困難的環境裡辨識地理特點與定位並非易事，通常只有專家才具備這樣的知識。丹麥極地探險家拉斯穆森的探險團隊中，幫他繪製地圖的人位居領導地位，但多數愛斯基摩人不具備這樣的能力。柯尼茲提過，在整個突尼西亞南部，只有十幾位真正一流的嚮導（見參考書目13）。玻里尼西亞的航海員都出身於統治階層，航海知識在家族中世代相傳。先前我們也說過，普魯瓦特島有一所學校專門教授航海知識，而且這些航海員總是跟特定的一群人吃飯，話題老圍著方向和洋流打轉。這不禁讓人想到馬克吐溫小說中密西西比河上的水手，他們沿著河

來回行駛，話題總是不脫航行，所以非常熟悉那些難以掌握的地標（見參考書目77）。這種能力儘管值得佩服，但還是談不上與環境建立起自在、親切的關係。玻里尼西亞的航海員在遠航時總是相當焦慮，出航時會有一列獨木舟在一旁並行，協助尋找陸地。在澳洲的阿倫塔部族裡，只有長者知道怎麼從一個水泉走到下一個水泉，或能正確無誤地從刺槐灌木叢間找到這條神聖的通道。至於蒂蔻皮亞島則因為景觀特色明顯，鮮少有這種問題。

其實在地嚮導在毫無特徵的環境裡迷失方向的故事也時有所聞。人類學家斯特雷曾描述自己跟著一位經驗老到的當地嚮導，在澳洲的刺槐灌木叢間徘徊了好幾個小時。那位嚮導不斷爬到樹上，試圖從遠處的地標找出自己的所在位置（見參考書目75）；傑卡德也描述過圖拉奇人迷路的悲慘下場（見參考書目37）。

另一種完全相反的情況，則是不論眼睛有多挑剔，總有某些景觀特徵的視覺特性必然會成為矚目的焦點。最常見的就是驚人的自然景觀總是帶有神聖意涵，例如阿桑蒂人的神祇多半是巨大無比的湖泊和河川，人們對高山峻嶺也總

是特別敬畏。印度的阿薩姆有一座著名的山，傳說是釋迦牟尼臨終的地點。在沃德爾的描述中，這座山雄偉矗立、風景如畫，從平原上拔地而起，與四周形成強烈對比。他還提到這座山長久以來為當地人所尊崇，後來也成為婆羅門教和回教的聖地（見參考書目 78）。

蒂蔻皮亞島上的高山因為實體形態突出，成為組織整個環境的中央特徵，無論從社會學還是地形的角度而言，都是整座島的焦點，眾神下凡的所在。從遙遠的海上來看，這座高山象徵著家園，瀰漫著超自然的脫俗力量。也因為山頂幾乎總是雲霧繚繞而且種滿芋頭，生長著山下沒有的植物，因此更加深了這裡的特殊魅力（見參考書目 19）。

偶爾也有一些景觀實在太迷人、太非比尋常，逼得人不得不注意。像川口就是這樣描述西藏近柯吉歐湖的某條河河岸：

……遍地岩石嶙峋，有黃的、深紅的、藍的、綠的、紫的……各個美不勝收，有些尖銳帶著稜角，有些從水面突出。最近的河岸……全是奇形怪狀的岩石，每塊岩石都有自己的

名字……全是當地民眾膜拜的對象（見參考書目39）。

再舉一個較普通的例子。有人連續數年觀察、記錄草地上鳥兒築巢所捍衛的領地，發現這些地盤有很大的變動，應該是不同的鳥兒在此據地築巢的痕跡，但儘管不同的鳥兒遷徙、定居，圍籬畫分出的鮮明邊界依舊不變（見參考書目50）。候鳥飛行時會呈現一種固定隊形，牠們最大的特點就是遷徙時會依據主要「導航線」調整飛行方向，或是沿著海岸線這一類地形特點形成的邊界飛行。甚至蝗蟲也會根據風向維持一定飛行方向，牠們在飛到平順的水面時則會隊形大亂，四處飛散。

還有一些地貌特點不僅引人注目，十分搶眼，甚至活生生地「存在」，像是動畫一樣，怪異又生動，而且對文化背景截然不同的人來說，感受更為強烈。川口曾提及西藏一座神聖高山，第一次看到這座山的人，會覺得它「肅穆地靜坐著」，川口甚至私自把這座山比擬為有菩薩隨侍在側的大日如來佛（見參考書目39）。

另一種類似的經驗描述發生在波士頓，當中提

到沿著奧瑞岡步道邊的峭壁行走所帶來的最初衝擊：

……西側那一群人湊過來，隨即響起一片此起彼落的驚呼聲……許多觀察者發現到燈塔、磚窯、位在華盛頓特區的國會大廈、貝肯丘、射擊塔、教堂、螺旋塔、穹頂、街道、工作坊、店鋪、倉庫、公園、廣場、金字塔、城堡、碉堡、柱廊、圓頂、尖塔、廟宇、哥德式城堡、現代防禦工事、法式大教堂、萊茵河岸的城堡、塔樓、隧道、走廊、陵墓、貝拉斯神廟、空中花園……乍看之下，這些岩石就好像城市、廟宇、城堡、塔樓、宮殿，各種壯麗雄偉的構造無一不有……令人嘆為觀止的建築，像美麗的白色大理石，展現出各個時代、各個國家的風情……

（見參考書目 69）

許多參訪者都提到，這些特殊的地理景觀帶給人難以磨滅的印象。

總而言之，說到人類感官的靈活度，就不免提到物體的實際形體也扮演著同樣重要的角色。有些環境容易吸引人關注，有些則否，也因此有些環境容易讓人組織或區辨，有些則不容易，

這就好比人腦容易記住有關聯的事物，却不容易記住關聯性低的東西。

傑卡德提過好幾個位於瑞士的「經典例子」，這些地點總是讓人無法保持方向感。彼得森曾說，每次只要道路網的方向改變，他腦中原先對明尼亞波利斯市建構出的概念就會被破壞（見參考書目 52）。特魯布里奇發現，多數人無法正確指出距離紐約市較遠的城市方向，不過奧爾巴尼市是唯一的例外，因為它就座落於哈德遜河畔（見參考書目 76）。

倫敦有一個被稱為七時區日晷柱（Seven Dials）的地標，約建於一九六五年，那裡有七條街匯集在一個環形交會點上，也就是一根刻有七個日晷的多立克式柱，每個日晷都各自朝向七條放射狀街道的其中一條。英國詩人蓋伊的詩《特里維亞》，就是以這裡的道路形狀為靈感，只不過這首詩隱含的意思，是說只有佃農和愚蠢的外地人，才會因為此處的混亂迷失方向（見參考書目 25）。

波蘭人類學家馬林諾斯基將多布島特殊的火山景觀、新幾內亞附近當特爾卡斯托群島內的安

夫列特群島，與特羅布里恩德群島單調的珊瑚島景觀做了明顯的對比。這些群島彼此間有貿易往來，馬林諾斯基還敘述了多布島地區的各種神話，以及特羅布里恩德群島上的居民，在看到意象鮮明的火山景觀時有何反應。談到從特羅布里恩德群島前往多布島的一段旅程，馬林諾斯基如此形容：

一整片寬廣的低地環繞在特羅布里恩德群島的潟湖周圍，在霧靄中漸漸模糊終至完全消失，而在群島前方是拔高的南方山脈……最靠近他們的一座山是柯亞塔布山，這座山呈現瘦長、略為傾斜的錐體，那裡最顯眼的燈塔，指引著水手向南航行……一到兩天後，這些遊魂般的霧靄，在特羅布里恩德群島人眼中看來，將會變成一片驚人的巨大形狀。這一大片景觀將以陡峭的懸崖與濃綠叢林築起的高牆，將這些貿易商團團包圍……特羅布里恩德群島居民將航向幽暗的海灣深處……清澈的水面下是萬紫千紅的珊瑚、魚兒、海草，鋪展成整片五彩繽紛的奇幻世界……他們還會看到各式各樣笨重又密實的岩石，形狀各異，色彩絢麗，迥異於家鄉唯一可見的石頭——白色乾癟的死珊瑚……除了各種花崗岩、玄武岩、火山凝灰岩，還有

為數眾多的黑曜石標本，這些標本邊緣銳利，閃著一圈金屬光澤，還可以看到滿是紅赭石與黃赭石的地區⋯⋯他們眼前的景觀就像一塊應許之地，以近乎傳奇的語調述說著這個國家的故事（見參考書目 46）。

同樣地，雖然澳洲「夢世紀」的道路分布於一整片刺槐平原，通往不同方向，但似乎傳奇的駐紮地、神聖歷史事件的發生地與眾人關注的焦點，都集中在兩個景觀十分特殊的地區：麥克唐奈爾山脈和斯圖爾特斷崖山脈。

以上提到的是原始景觀的比較，我們可以看一下英國藝術家艾立克・蓋爾是如何比較英國的布萊頓（他的出生地），以及日後他青少年時期所搬到的奇切斯特：

在搬家那天之前，我從不曾想過一個城鎮會有形狀，而且還跟我最愛的火車頭一樣，具有個性和意義⋯⋯奇切斯特是一個城鎮、城市，規劃地井然有序，鐵道、人行道、火車倉庫組成的網絡，絕不容許污穢骯髒的街道像黴菌一樣到處生長、蔓延⋯⋯我所認識的奇切斯特與布萊頓恰恰相反，它是一個終點、一個物體、

一個居住地……奇切斯特的道路規劃清楚乾淨……從羅馬牆上可直接望見無垠的綠地……四條筆直寬敞的主要道路，將整個城市劃分成四個區域，住宅區同樣也被四條小街道切割成四等分，這裡幾乎全是十七、十八世紀的房屋……至於我們所知的布萊頓……怎麼說呢，其實沒甚麼好說的。一提到布萊頓，只覺得是個以我的家為中心的地方……其他再也沒別的了。但住在奇切斯特的時候……城鎮中心不是北城牆二號，而是市集廣場。我們不僅感受到文明，還有一種普遍的井然有序……布萊頓根本稱不上是個居住地。我先前從來沒想過會有其他類型城鎮的存在（見參考書目33）。

前面提過，蒂蔻皮亞島因為瑞安尼山所以意象鮮明，而以下這段節錄則清楚闡述了各種不同形狀的作用：

蒂蔻皮亞島人離家往外走的時候，是根據前方地平線上還可以看到多少島嶼面積，來判斷自己走了多遠。這個判斷距離的尺度有五個基準點。第一個基準點是羅拉羅，一處近海岸的低地。當這個點消失在視線之外，移動者就知道自己離出發點已經有一段距離了。馬托峭壁高

二百到三百英尺，散落在不同地點上，環繞著海岸線，當馬托峭壁從視野消失時，就表示抵達了第二個基準點。然後是第三個基準點悠魯蒙那，是一連串環繞湖泊的山峰，約五百到八百英尺高，移動者越往前進，它就會慢慢沉到海面下。悠魯艾夏則是瑞安尼山輪廓線的最後一個中繼點，約一千英尺高，當它也沉到海平面以下時，移動者就知道自己已經離家很遠，接近海洋了。最後看到的是悠魯羅諾羅諾，也就是這座瑞安尼山的山巔，當它消失於視線之外的那一刻時，移動者會不禁感到一絲悲傷（見參考書目19）。

藉由清晰可辨的景觀，對離家遠行的當地人來說，這幅熟悉的景象被規律地區隔成好幾段，每一段都有實質上和情感上的意義。

小說家佛斯特作品中有一位人物從印度回到家鄉，當他進入地中海時，突然為周遭的形態特質、它們的可意象性感到震驚不已：

威尼斯的建築就跟克里特島上的山脈和埃及的平原一樣，轟立在正確的位置，而在貧窮的印度，所有事物都被放錯了位置。在莊嚴的寺廟

和起伏的丘陵間，他早已遺忘了形態之美，若沒了形態，又怎麼會有美？……大學時期，他醉心於聖馬可廣場的五顏六色，但他現在注意到了比馬賽克、大理石更珍貴的東西：人類的傑作與承載人類作品的地球之間的和諧關係、脫離混沌的文明，以及以合理形態呈現的人類精神與意念。他在寫風景明信片給印度的朋友時，一邊想著朋友們如何錯失了他現在所體驗的快樂、這些形態帶給他的享受，同時感到自己與他們之間興起一道鴻溝。他們眼裡只見威尼斯的豔麗奢華，卻不見其實體形狀（見參考書目22）。

可意象性的缺點

一個容易辨識的環境也有缺點。一個景觀若充斥著神奇的意涵，可能反而不利於人類的實際生活。阿倫塔人寧願迎接死亡，也不願意遷到更適宜居住的地區；中國祖先的墳墓佔據了大片耕地；紐西蘭的毛利人閒置許多最適合作為碼頭的地區，因為那些土地具有神話意義。當人對一塊土地沒有情感時，開發起來就相對容易。如果一個人理解環境的習慣無法幫助他們快速習得新技能和對應新的需求，就會連帶影

響資源的使用。

英國語言學家蓋根曾提到阿留申群島的地名相當多樣，但下了有趣的評論。他說因為每一個細微的地貌特點都有不同的名字，常常阿留申群島某一個島上的居民，根本完全沒聽過另一個島上的地名（見參考書目26）。可見若一個辨向系統太過偏狹，不具抽象性和普遍性，反而可能有礙溝通。

太過偏狹的辨向系統還可能導致另一種結果。斯特雷談到澳洲原住民阿倫塔族時，是這樣說的：

由於景觀裡的每一個特點無論顯眼與否，都與某個神話故事有關，就可以想見文學在此地的作用有多無力……老祖宗沒有留下任何一個與神話無關的景觀，好讓後人的想像力得以馳騁……傳統實實在在地扼殺了創造的衝動……早在數世紀前，當地就不再產生新的神話……人們全都固守者平淡無奇的傳統……如此頹廢的部族已完全喪失了原創力（見參考書目75）。

環境最好要能激起豐富、鮮明的意象，更好的

是，這些意象還能被交流、傳遞，並且因應實際需求而改變，如此一來，就能創造出新的類型、新的意義、新的詩意。因此我們的目的是打造一個可意象性的環境，而且這個環境是開放、可以容納變化的。

要說明如何解決、或者說不理性地解決這樣的難題，且讓我們舉一個詭異的例子，就是中國的風水（見參考書目32）。風水是一套解釋景觀影響力的複雜知識，已經有學者去剖析風水並加以系統化。風水探討的是用山丘、岩石、樹木來控制邪氣，這些物體在視覺上可以阻擋危險的煞氣，而池塘、溝渠則可吸引良善的水之靈氣。風水認為環境的特點、形狀是用來象徵景觀裡各種有益跟無益的靈氣。這些靈氣可聚集、可飄散，可以凝聚在物體深處或表面，可能純淨或混雜、強烈或微弱，而且只能透過植物、選址、高塔、石頭等等元素來運用、控制、強化。風水裡有各種複雜的解釋，而且這塊領域還不斷在擴大，風水專家正無所不用其極地朝各面向探索。儘管風水看似一點也不科學，卻有兩個有趣的特色正符合我們提出的開放式環境特點：第一，風水對環境的分析是無窮無盡的，不斷產生新的意涵、新的詩意、新的發展；

第二，風水引導人們使用、控制環境中外部的實體和它們造成的影響，強調人的遠見和能量主宰了宇宙，而且人有能力改變宇宙。或許，我們可以從中獲得某些啓示，來思考如何建構一個可意象性、又不令人感到窒息、壓迫的環境。

B 方法的使用

為了將可意象性的基本概念套用在美國城市上，我們用了兩種主要方法：訪談一小部分居民做為樣本，詢問他們的環境意象，以及讓受過專業訓練的觀察者實地考察，然後系統性地檢視環境在他們心中會激起甚麼樣的意象。當然這些方法是否有用也很重要，尤其本研究的目的之一，就是發展出適用的方法。關於這個問題，還可細分成兩個小問題：(a) 這些方法有多可靠，得出某個結論的真實度如何？ (b) 這些方法多有用？得出的結論對於達成城市規劃的決策有幫助嗎？研究結果是否值得我們花費這些精力？

進行室內訪談時，我們是請受訪者簡略畫出城市地圖，並詳細描述在這個城市裡常常走的路線，然後列舉出他們心中這個城市裡最獨特、意象最鮮明的部分，最後簡單描述這些地方。我們訪談的目的有三：

1. 驗證可意象性的假設。

2. 獲取這三個城市大略的大眾意象，再將這樣得出的大眾意象與我們實地考察的結果相比較，以期能為都市設計提出建議。

3. 發展出一個簡潔有效的方法，來找出任何一個特定城市的大眾意象。

我們除了不敢保證所獲取的大眾意象確實代表全體居民的意象以外，訪談方法倒是成功地達成上述幾個目標，詳述如下。

室內訪談包含以下問題：

1. 聽到「波士頓」這個詞時，你最先想到甚麼？甚麼東西可以象徵波士頓？你會如何概括描述波士頓的實體環境？

2. 麻煩請你快速畫個波士頓中心地區的簡略地圖，就是麻州大道內側的市中心部分。假裝你正要向一個外地人扼要介紹這個地方，簡圖要涵蓋所有主要特點。不用畫得很詳盡，大致的草圖就可以了。（研究人員同時記下受訪者畫地圖的順序。）

3a. 請完整、明確地描述你平常出門上班的路途和方向，想像你正走在路上，描述你一路上看到的、聽到的、聞到的各種事物的順序，包括有哪些通道標誌對你來說很重要，以及如果一個外地人要跟你走一樣的路線，需要注意哪些線索。我們感興趣的是事物的具體外觀特點，記不得路名或地名沒關係，那些不重要。（在受訪者回憶上班的路途時，研究人員會適時引導受訪者在某些地方提供更詳盡的描述。）

b. 你對這趟路途的哪些地方特別有感情？這趟路途的時間多長？有沒有哪些地方是你不確定確切位置的？（第三個問題是訪談裡的制式問題，會在受訪者描述這段路途或是其他路途時被拿出來反覆詢問，例如「請你從麻州綜合醫院走到城南火車站」或「請你開車從范紐爾大廳到交響樂廳」。）

4. 請問波士頓市中心有哪些元素是你覺得最獨特的？它們可大可小，請問哪些對你來說是最容易辨識也最容易記得的？（待受訪者回答了二到三樣元素，訪談者會接著問第五個問題。）

5a. 請你描述一下 ＿＿＿。如果你在眼睛被矇住

的情況下被帶到那裡，眼罩拿下時，你會用那邊的哪些線索來辨識出自己的所在地？

b. 你對 _____ 有甚麼特殊的感情嗎？

c. 請在你畫的地圖上指出 _____ 在哪裡（如果可以的話），這個地點的邊界在哪裡？

6. 請在你的地圖上指出北邊。

7. 訪談到此結束，但我們希望有一點自由討論的時間。以下問題會隨意穿插在談話中：

a. 你覺得我們想從訪談中了解甚麼？

b. 辨別方向和辨識城市裡的元素對人來說有多重要？

c. 你會因為知道自己在哪裡、要往哪裡去而感到開心嗎？或者會因為不知道自己在哪裡、不知道要往哪裡去而感到不開心嗎？

d. 你覺得波士頓是一個容易讓人找到方向、容易辨識的城市嗎？

e. 在你熟悉的城市中，有哪些城市容易辨向？
為什麼？

訪談的時間很長，通常為一個半小時，但幾乎
每位受訪者都興致高昂，而且多半會流露個人
情感。所有訪談過程都錄音下來，隨後打出逐
字稿。這樣的方法雖然不是那麼聰明，卻能鉅
細靡遺地記錄所有細節，也能反映出受訪者在
聲音上的停頓和轉折。

有十六位波士頓的受訪者因為對我們的研究非
常有興趣，因此接受了第二次訪談。第二次訪
談時，我們給他們看一系列波士頓地區的照片，
這些照片系統性地涵蓋了整個地區，但卻是以
隨機的順序讓受訪者觀看，其中夾雜了幾張其
他城市的照片。我們首先請受訪者將照片依他
們認為恰當的方式分類，接著請他們盡量辨認
出照片中的地點，並告知研究人員是依據哪些
線索辨認出來的。接著我們將受訪者認得的照
片重新排列，請他們將這些照片放在一張大桌
子上，想像桌上有一大張城市地圖，然後把這
些照片放到正確的位置。

最後我們請這些志願受訪者實際走一遍先前請

他們在想像中回答的路程，例如從麻州綜合醫院走到城南火車站，由研究人員陪同，並攜帶一台錄音機。我們請受訪者帶路，解釋他為何選擇哪些道路，指出他沿路看到甚麼，告訴我們他感到自信滿滿還是搞不清方向。

為了獲得這群樣本的對照組，我們向城市裡的行人問路。我們選了六個目的地，分別是聯邦大道、桑默街和華盛頓街的轉角、斯科雷廣場、約翰漢考克大樓、路易斯堡廣場、波士頓公共花園。我們另外選了五個起點，分別是麻州綜合醫院的入口、城北端的老北教堂、哥倫布大道和沃倫街的轉角、城南火車站、阿靈頓廣場。在每個起點，研究人員隨機選四到五位行人上前攀談，詢問如何抵達某個目的地，總共會問三個問題：「要怎麼去 ＿＿＿＿ ？我到了的時候怎麼知道自己到了？走過去要多久？」

為了與受訪者描繪的主觀城市圖像做比較，我們另外採用了空照照片、地圖、建築密度、用途、形狀的圖表，來做為反映城市實體形態的「客觀」描述。但如果不考慮客觀性，這些資料其實深度不夠，缺乏充分的概括性，並不太符合我們的需求。由於需要評估的因素太多，

我們發現要跟實驗的訪談比較，最好的素材是另一組主觀的回答，但這一組的回答必須是一個有系統的、詳盡的資料，並且採用先前訪談分析中所歸納出的重要分類。此外，雖然受訪者的回答是根據同樣的實體環境，但要定義這個實體環境，最好的方法不是量化標準或根據「事實」，而是透過幾位實地考察的觀察者的感知和評估來達成。這些觀察者受過專業訓練，知道如何仔細觀察周遭景物，而且對於目前都市中重要的元素類型已有一定的認識。

因此最後我們簡化實地考察，由一位受過訓練的觀察者來進行徒步勘查。他以步行的方式，系統性地考察整個地區，事先也已經了解「可意象性」的概念。他要畫出各地區的地圖，標出地標、節點、通道、邊界、區域這些元素的位置，還有可見度、彼此之間的關係，並記錄這些元素的意象強弱。徒步勘查整個地區後，還會請這位觀察者走幾趟「有問題」的路線，來檢驗他對整體環境結構的掌握程度。他將元素依照不同的重要性分門別類，所謂主要的元素，就是意象特別強烈、鮮明的元素，同時也會不斷自問，為何某個元素有很強或很弱的意象？為什麼某些連結很清楚，有些很模糊？

這過程會畫出的地圖是一種抽象、概略的印象，而非真實的實體環境本身，真實的形態則會以某種方式灌輸於觀察者。實地考察的分析與訪談分開來進行，一個人約需三到四個工作天來勘察這樣大小的地區。附錄 C 當中所敘述的兩個地點，將會清楚說明在進行判斷時所使用的細節。

我們第一次實地考察的目的是要確立主要的假設，包括有哪些類型的元素，它們彼此如何組合，如何產生強烈鮮明的意象。這些假設隨後透過訪談來驗證並且更精確地定義。第二個目的是要發展出一套用視覺分析一個城市的方法，這套方法可用來預測該城市可能營造的大眾意象。我們的方法經過多次修正，最終成功地達成上述兩個目的，只是這個方法還是略嫌過於聚焦在單一元素上，也不夠重視這些元素在環境的整體環境中形成的脈絡。

見圖 35 至圖 46，p.236-241

圖 35 到 46 是根據口頭訪談、手繪地圖與我們自己進行的實地考察所得出三個城市的意象圖。為方便比較，每組地圖都採用相同的比例尺和符號。

我們可以分別從訪談和實地考察得到的資料歸納出幾個結果。在波士頓和洛杉磯，實地考察的分析結果相當精確地預測了從口頭訪談材料得出的意象圖，而在辨識度較低的澤西市，實地考察的結果預測出訪談意象圖的三分之二左右，但即便如此，實地考察和訪談得出的意象圖裡，還是有不少主要元素只出現在其中一種資料當中。三個城市的元素排列順序都非常一致。不過在徒步進行的實地勘查犯了兩個錯誤：第一是容易忽略某些不起眼的元素，但這些元素可能對開車時辨向很重要；第二是沒有考慮受訪者的社會地位，進而容易忽略對他們而言很重要的元素。簡言之，我們的實地考察若能輔以駕車的調查，將社會地位這種「無形的」影響納入考量，以及考慮人們在視覺辨識度低的環境中會隨意亂看的可能性，或許就可以成功預測可能的大眾意象。

見圖 47，p.242

我們發現，雖然某些受訪者所畫的地圖和他們接受訪談的內容不太一致，但受訪者地圖的內容與訪談的內容之間卻有很好的關聯性。而且，主要的元素很少只在單一資料中出現。不過，地圖的「篩選門檻」似乎很高，換句話說，在訪談時最少被提到的元素根本不會出現在地圖

裡，而且一般來說所有元素在訪談中被提及的頻率是高於被畫到地圖上。這個現象一樣是在澤西市最明顯。另外地圖偏向強調通道，並省略那些特別難畫或難定位的部分，就算那個部分很容易辨識也一樣。例如一個沒有「基部」的地標或非常錯綜複雜的街道脈絡就會被受訪者省略。但這些都是小誤差，也很容易調整，整體而言，由辨識元素組成的地圖與口頭訪談的內容是非常接近。

這兩組資料最大的差異在於元素之間的連結和組織方式。最重要、最為人熟知的連結一定會在地圖中出現，但除此之外的元素都消失了，可能是因為某些連結很難畫，或要將所有元素畫在一張圖裡，會讓整張圖變得破碎或扭曲，因此地圖並無法清楚標示出大家所熟知的連結結構。

最後，我們發現在所有方法中，請受訪者列舉城市中最顯著特徵的這個方法有最高的篩選門檻，因為許多出現在地圖裡的元素都被排除在外了，受訪者只會提到實地考察或口頭訪談最常被提起的元素。這個方法似乎能突顯出一個城市的焦點，也就是它的視覺精髓。

另外，請受訪者辨認照片的方法與口頭訪談的結果相當吻合，例如幾乎有九成的受訪者都能辨認出聯邦大道和查理斯河，特里蒙特街、波士頓中央公園、貝肯丘、劍橋街也是受訪者很快就能認出的地點。其他的照片也符合口頭訪談的結果，最難辨識的則是城南端、約翰漢考克大樓的基部、城西端－城北火車站區，以及城北端的側向街道。

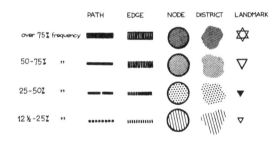

	PATH	EDGE	NODE	DISTRICT	LANDMARK
over 75% frequency					
50-75% ,,					
25-50% ,,					
12½-25% ,,					

圖 35-46 的圖例

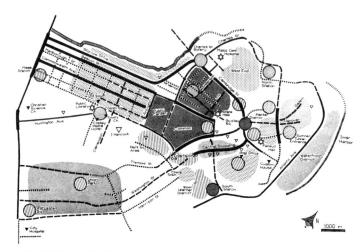

圖 35 根據訪談內容繪製的波士頓意象圖

圖 36 根據受訪者簡圖繪製的波士頓意象圖

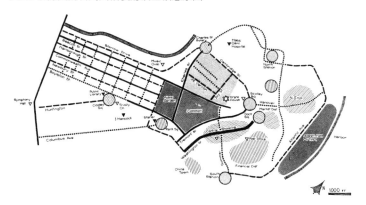

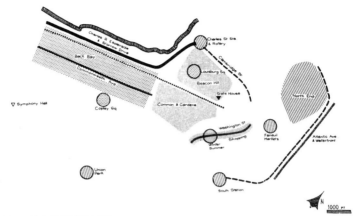

圖 37 波士頓顯著的特徵

圖 38 實地考察所繪製的波士頓視覺圖

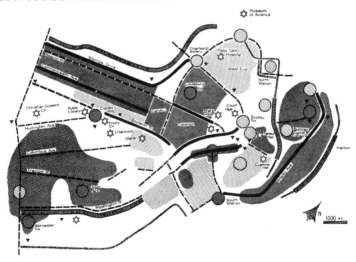

237

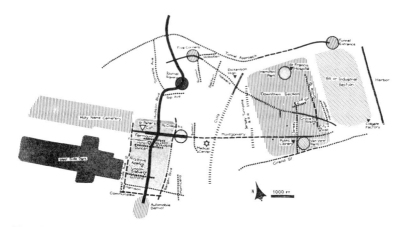

圖 39 根據訪談內容繪製的澤西市意象圖

圖 40 根據受訪者簡圖繪製的澤西市意象圖

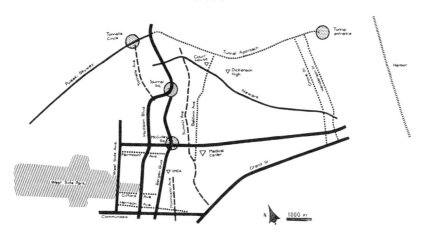

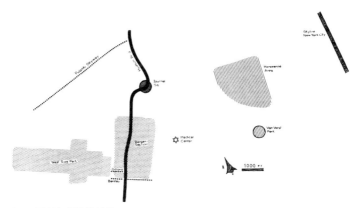

圖 41 澤西市顯著的特徵

圖 42 實地考察所繪製的澤西市視覺圖

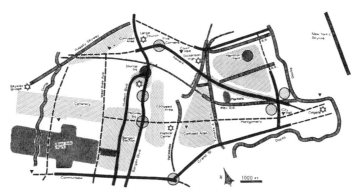

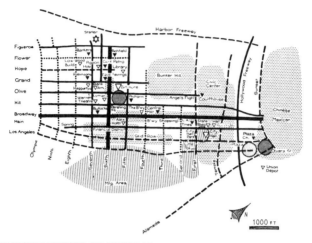

圖 43 根據訪談內容繪製的洛杉磯意象圖

圖 44 根據受訪者簡圖繪製的洛杉磯意象圖

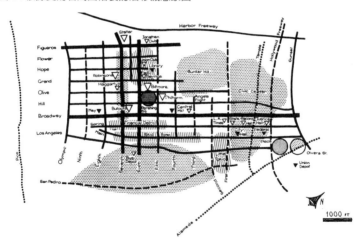

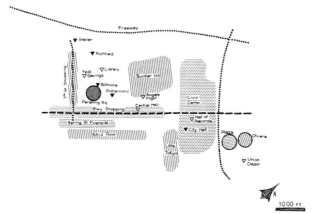

圖 45 洛杉磯顯著的特徵

圖 46 實地考察所繪製的洛杉磯視覺圖

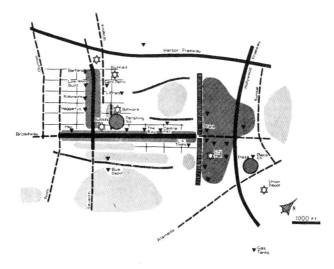

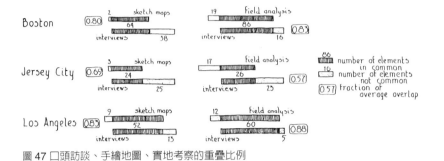

圖 47 口頭訪談、手繪地圖、實地考察的重疊比例

見圖 48，p.244

先前提過，我們在路上隨機向總共一百六十位行人問路，圖 48 是根據他們提過的元素所繪製的簡圖。相當驚人的是，這些簡短的訪談得出的總體意象與其他資料得出的意象十分吻合，主要的差異在於，街頭受訪者在被問路後，會特別強調前往目的地的路線。請讀者注意，我們研究的地區只涵蓋起點到終點之間的可能通道，也就是虛線內的大致範圍，這塊地區**以外**的空白都沒有意義。

儘管這些方法得出的結果相當一致，但採樣的訪談是否充足，可能有以下兩個偏頗之處：

第一，樣本數太少，波士頓只有三十人，澤西

市和洛杉磯分別只有十五人，要從這少得可憐的樣本推估出「反映真實」的大眾意象是不可能的。我們只取少數樣本，是因為我們的訪談問題很廣泛，又需要相當長的時間來發展尚處於實驗階段的分析方法。顯然我們之後還需要增加樣本數再進行一次實驗，而且需要費時較短且更精確的方法。

第二個可能的偏頗是所選的樣本分布不均。這些受訪者在年齡和性別上的分布還算平衡（皆已成年），所有人都對環境很熟悉，我們也刻意避開相關領域的專家，例如城市規劃者、工程師、建築師。不過為了初探研究方便，我們需要表達條理清晰的受訪者，因此樣本在社會階級和職業上的分布不夠平衡，幾乎都屬於中產階級、專業人士或管理階層，這在分析結果中一定會表現出明顯的階級誤差，因此未來進行相同的研究時，務必要取更多的樣本數，而且樣本要更能代表一般社會大眾。

而且很遺憾的，我們受訪者的居住地和工作地點也無法呈現出真正的隨機分布，不過我們已竭盡所能將此項誤差降到最低。例如波士頓的樣本中，很少有受訪者是來自城北端和西端，

這點會反映在社會階級的誤差上。受訪者的生活方式和工作地點無可避免地會相當雷同，不過他們的居住地應可以矯正些許誤差。目前我們並沒有證據顯示，若受訪者的居住地完全呈現隨機分布，是否會像均勻的社會階級分布一樣，對大眾意象造成很大的改變。不過不論受訪者對一個地區熟不熟悉，都會建構出或強或弱的意象。街頭訪談的時間雖然很短，獲得的資訊有限，卻涵蓋了更多的樣本數，社會階級的分布也更接近隨機，希望能或多或少彌補長時間訪談資料的不足。總而言之，對於樣本的批判可以概括如下：

圖 48 根據街頭訪談繪製的波士頓意象圖

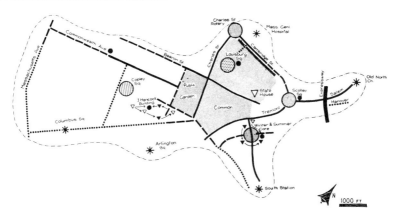

第一，透過不同方法取得的資料內容上顯現出一致性，表示我們使用的方法確實相當可靠，能反映出某一受訪族群的整體意象，而且這些方法在不同城市皆適用。我們的研究結果顯示不同城市有不同的意象，這點符合第一個假設，意即視覺上的形體扮演了重要的角色。

第二，雖然樣本數少，又有社會階級的誤差和地點分布不均的問題，但某些結果顯示，研究得出的整體意象依然可大略符合實際的大眾意象。不過在未來的研究中，勢必要修正樣本數和誤差的問題。

因為樣本數很少，我們就沒有試著將這些樣本照年齡、性別等分組，並進一步分析不同組別的大眾意象，而是將所有樣本視為一個整體來分析，且未將受試者的背景納入考量，僅記錄可能對整體結果造成影響的一般性誤差。相信若能深入探討不同組別的差異，肯定會相當有趣。

截至目前為止，本研究已證實，一個一致的大眾意象的確存在，讓人就算並非身處其中，也能用來描述或回憶那個城市。不過這個意象可

能與實際用來在城市中移動的意象大相逕庭。唯一能用來檢驗這兩者之間可能差異的方法，就是某些受訪者的實地移動和街頭訪談。後者雖然範圍上受限且本質上是口頭表述，但大體可以反映出回想中的意象。而從受訪者實地移動得出的結果卻是模稜兩可。受訪者實地走訪的路線往往跟在室內接受訪談時所說的不同，只有結構大體是一致的。許多更詳盡的地標，在受訪者實地移動的錄音中記錄下來，不過受限於技術因素，現場的錄音不清楚，令人不是很滿意。很有可能，利用回想的方式來與他人溝通時所用的意象，與實際在環境中移動所用的意象不同，但也有可能這兩者並非完全無關，而是有層次上的差別。至少從我們的資料可以看出，實際行動與口頭表達出的意象之間有關聯，還發現後者帶有明顯的情感意義。

經過一些修正後，我們假設性提出的元素類型（節點、區域、地標、邊界、通道）多半都能在資料中獲得證實。並非我們證實了這樣的分類確實存在，是個理想的原型，而是這些類型能讓我們一再不費吹灰之力地解釋所獲得的資料。在這些元素類型中，以通道的數量最多，也是最顯眼的元素，而且令人訝異的是，這三

個城市所有元素在各類型的百分比非常相近。唯一的例外是洛杉磯，當地人關注的焦點不是通道和邊界，而是地標，對於一個以汽車為主的城市而言，這樣的落差讓人意外，可能是因為棋盤狀道路特徵不明顯的緣故。

雖然我們有大量單一元素和元素類型的資料，但元素之間的關係、脈絡、順序、整體等資料卻付之闕如，未來勢必得發展出更好的方法，來探討這些重要的面向。

做為設計基礎的方法

前面指出了眾多此研究方法的缺失，或許概括這些缺失的最好方法，就是提出一個意象分析的建議，可以避開上述的種種障礙，並發展成往後適用於設計任何一個城市視覺樣貌的規劃基礎。

這樣的過程可以從兩個研究開始著手。第一是讓兩到三位受過專業訓練的觀察者，藉由步行或駕車的方式，進行概略的實地考察，包括白天和晚上，範圍則是系統性地涵蓋整個城市地區，並採取先前提到的「問題」路線，來補充

實地考察的資料。這樣的研究最後整理出的實地考察分析地圖和簡要的報告，可用來探討意象強弱的問題，還有整體和各組成部分的脈絡。

同時還要針對大量樣本進行訪談，而且樣本必須均衡地反映出現實社會大眾的特質。這組樣本的訪談可與前述研究同時進行或分組進行，研究者應請他們回答下列問題：

a. 請畫出研究範圍的簡要地圖，並標示出最有趣及最重要的特徵，要讓一位外地人有足夠的資訊，能輕鬆地在此地移動。

b. 請簡單畫出一到兩趟在腦海中移動的路徑和沿途發生的事件，這些移動路徑必須能夠顯示出這一地區的長度和寬度。

c. 請列出這個城市中你覺得最獨特的部分。研究者須先解釋「部分」和「獨特」的定義。

d. 被問到「_____ 的位置在哪裡」時，請在紙上寫出簡要的答案。

這樣的測試可以用來分析某元素被提及的次

數、元素之間的關係、繪圖的先後順序、意象鮮明的標的，以及受訪者對結構的感受和整體意象。

實地考察和大量訪談的資料可再用來比較大眾意象與城市視覺樣貌之間的關係。首先先分析整個地區在視覺上搶眼跟不引人注意之處，再指出日後值得特別關注的關鍵點、元素排序或脈絡。

接著才是針對這些關鍵點進行第二輪的調查研究。採用一小群樣本，讓受訪者分別單獨接受訪談，請他們指出由研究者選定的重要元素的位置，以這些元素規劃出想像中的簡短路線，描述它們，畫出地圖，並分享自己對這些元素的感受和回憶。接著可以帶其中幾位受訪者實際到這些地點，進行幾次簡單的實地移動，並在現場描述、討論這些重要的元素。另外還可以隨機在街頭詢問如何從某個起點走到特定元素的路線。

分析這第二輪研究的內容和問題的同時，也為這些標的進行密集、仔細的實地考察，之後並於不同光照、距離、活動、移動方式等情境下

深入調查這些元素的特性和結構。這些研究會採用訪談結果，但不會侷限於訪談內容。附錄C中波士頓的幾個詳細調查是很好的範例。

最後將所有資料整理成一系列的地圖和報告，建構出一個地區基本的大眾意象、普遍的視覺問題和意象強度、重要元素和元素之間的關係、元素的具體特性和可能的變化。以這樣的分析為基礎，經過不斷修正、更新，一個地區視覺樣貌的規劃便可由此而生。

未來的研究方向

之前提到的批判和前幾章的不少篇幅都點出了待解決的問題。未來要做的分析已呼之欲出，至於其他可能更重要的步驟則較難掌握。

顯然下一步該做的，是採取前述的分析技巧來檢驗更具代表性的樣本，若能做到這點，這個研究得出的結論將更加合理可靠，也能讓實際應用更加完善。

如果這樣的比較研究能應用在更多樣的環境，而不僅是這個研究中的三個城市，我們對城市

意象的了解也將更加豐富。非常新與非常舊的城市、小巧與幅員廣大的城市、人口密集的與人口稀疏的城市、極度混亂和極度有序的城市，可能都會形成特徵截然不同的意象。一個村莊的意象會與曼哈頓的意象有甚麼不同？濱湖城市會比鐵道貫穿的城市更容易建構意象嗎？這樣的研究能夠建構出關於視覺樣貌效果的資料庫，供城市設計者參考。

若能用這些方法來分析在規模和功能上不同於城市的環境，一定也會很有趣，例如一棟建築物、一片景觀、一個運輸體系、一個山谷地帶。以實際需求而言，最重要的是將這些概念運用在大都會地區，並讓這些概念隨都會發展而調整，只不過就目前來看還很難想像就是了。

然而關鍵差異可能最終還是取決於觀察者本身。城市規劃已成為一門國際性的學科，城市規劃者也開始為美國以外、其他國家的居民規劃環境，因此我們必須確保從美國衍生出的這些概念不僅是在地文化的產物，而是全球通用的。試想，印度人或義大利人會如何看待他們的城市呢？

這種文化、地域的差異對分析的學者來說是種挑戰，這些挑戰不僅限於應用於外國城市時，就連在自身國家也一樣。分析學者的想法可能會有地域性的侷限，或者在美國，分析者本身可能會受到社會階級的限制。既然城市是由不同族群的人所共用，了解這些不同的族群如何感知、建構周遭環境的意象就相當重要，就像人有不同的個性一樣。不過現有的研究只探討取得的樣本中共同的要素。

此外，檢視目前所見的幾種意象類型，包括採用靜態環境系統和動態連結系統得到的意象，以及具體的和抽象的意象，這些意象類型是否恆定且無法互相套用，還是說這些意象只是某一種訓練或環境影響下的產物，將會是我們很感興趣的議題。更甚者，這幾種意象類型之間有怎樣的交互關係？一個動態意象的系統是否可能以定點結構的方式呈現？回憶中可傳達的意象與實際在環境中移動時使用的意象，兩者之間的關聯也很值得研究。

這些問題都超越了理論的範疇，而有實際應用的價值。城市是多族群的居所，唯有分別了解群體和個人意象的差異，以及兩者之間的關係，

才能打造出滿足所有人需求的環境。然而具備這樣的知識之前，城市設計者只能持續依賴大眾意象，並盡其所能地提供各式各樣的材料，讓居民建構意象。

現有的研究都僅限於某個時間點之下的意象，如果能了解意象隨著時間會如何發展，就能更全面地了解城市意象。例如，初來乍到的人如何建構新城市的意象？孩童如何建構世界的意象？這些意象要如何傳授、表達？甚麼樣的城市樣貌最適於建構意象？一個城市必須有兩種結構，一種是顯而易見的，能讓人快速掌握；另一種是比較幽微的，讓人慢慢建構出更複雜、更全面的圖像。

若城市不斷變遷，會連帶產生一個問題，就是如何調整意象以符合外在改變。現在我們居住的環境變動較為頻繁，居民更容易遷徙，在外在環境變化下，如何維持意象的連續性就變得極為重要。一幅意象要如何因應改變？在可以改變的情況下，意象又會受到哪些限制？在什麼情況下，人們會忽略或扭曲現實以保持意象的不變？意象甚麼時候會瓦解？我們又會付出甚麼代價？如何透過實體上的連續性來避免意

象瓦解？一旦意象瓦解了，如何促成新意象的形成？建構環境的意象，並讓意象能隨環境改變是個特別的問題，也就是意象雖然穩固，但在遭逢無法避免的壓力時，卻又能保有變化的彈性。

這又再次提醒了我們一個事實。意象不僅是外在特徵作用的結果，也是經過觀察者內在處理的產物，因此是可以透過教育來提升意象的品質。建議可以進行一個實用的研究，探討哪些媒介能教導民眾更熟悉自己的城市環境，例如可透過博物館、演講、城市漫步、學校作業等等。此外，也可以利用某些符號媒介，像是地圖、標誌、圖表、指向工具。一個看似雜亂無序的實體環境，若能借助符號圖表的幫助，解釋各主要特點之間的關係，就讓人更容易建構環境意象，在茫然無序的環境中也可以理出頭緒。倫敦地鐵系統的地圖就是一個很好的例子，在每個地鐵站都可以很清楚地看到。

或許未來最重要的研究方向，也是之前提過好多次的，就是對城市整體意象的了解，意即元素之間的關係、脈絡、順序。認識一座城市需要時間，且認知的對象是個規模相當大的物體。

如果最終目的是要將環境看做一個完整的有機體，第一步就是釐清各環境脈絡中的各個元素。很重要的是，了解並懂得操控整體環境，或至少有能力決定先後次序和規劃的問題，將會至關重要。

讀者或許會發現有些研究可以被量化和分析，例如用來指示主要城市目的地的資訊數量，或有多少資訊是不必要的。另外還可以研究辨識的速度，或是資訊要多到什麼樣的程度才能提供人安全感，以及一個人能記住多少關於所處環境的資訊。這又回到之前提過的符號媒介或指引方向的工具。

但很明顯的，本書研究的核心不在於數量，至少現在還不到量化的時候，重點是城市意象的規則和先後次序。後者包含了複雜、按時間延伸的表現手法，儘管這是技術上的問題，卻相當基本且有難度。但在我們了解並進行這樣的模式之前，必須想辦法找出其中的本質要素，如此一來就不需要每次都重頭來過，就能加以掌握。這是個非常不易突破的問題。

我們原先最感興趣的問題是操弄實體居住環

境，因此未來研究方向的首要之務，當然就包括將這些試驗性的概念套用在實際的設計問題上，未來應該盡量發揮將可意象性的潛力，應用在設計上，也應驗證這樣的主張：「可意象性」是可以做為城市設計規劃的基礎。

最後將未來研究最重要的議題歸納如下：將可意象性的概念應用於都會地區；延伸這樣的概念並將主要族群之間的差異納入考量；意象的發展與面對變化的調整；將城市意象視為完整、隨時間發展的脈絡；以及可意象性這個概念應用於設計上的潛力。

C 兩個實例分析

現在我們以波士頓兩個相鄰地點為實例，在視覺上詳盡分析都市的元素，這兩處地點為：辨識度極高的貝肯丘區域以及其山腳下難以定位的節點 —— 斯科雷廣場。以下將說明這份分析與訪談結果之間有甚麼關聯。圖 49 顯示出這兩個地點在波士頓中心的位置，以及它們與城西端、市中心購物區、波士頓中央公園、查理斯河的位置關係。

見圖 49，p.258

貝肯丘

貝肯丘是波士頓保留下來的原始山丘之一，座落於商業中心和河道之間，也橫亙在南北交通要道之間，從波士頓很多地方都能清楚看見這座山丘。從細部的地圖則可看出道路脈絡和建築分布。以一個美國城市來說，這裡十分與眾不同，它是從十九世紀初期完整保存至今的遺跡，依然生氣勃勃且具備機能性，也是靜謐、

見圖 50，p.258

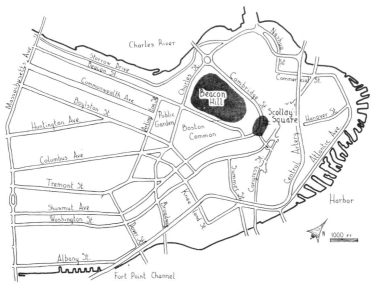

圖 49 波士頓半島上貝肯丘和斯科雷廣場的位置

圖 50 貝肯丘的街道和建築物

氣氛融洽的上流住宅區，與都會市中心毗鄰。在訪談中，貝肯丘能激起受訪者強烈的意象。

大家一致認為貝肯丘非常獨特，覺得它是波士頓的象徵，而且通常是被遠眺的。大家都知道它位於城市中央，靠近市中心區，以貝肯街為界，與波士頓中央公園相接。劍橋街從城西端將它切開。多數受訪者認為貝肯丘的範圍止於查理斯街，不過有些人不確定是否該把山腳下的區域也算進來。幾乎所有人都清楚貝肯丘與查理斯河的相對位置。不過受訪者多半不確定貝肯丘的第四條邊界在哪，他們通常是回答喬依街或鮑丁街，但這個地區很難界定，因為有時候它還會延伸到斯科雷廣場。

山丘本身似乎可分成「後面」和「前面」兩個不同的部分。這兩個區塊，可以說是沿著默特爾街，在社會功能上和視覺上一分為二。在受訪者的意象中，這裡的街道系統相當平行、「井井有條」、筆直，但並沒有接合得很好，讓人難以在其間穿梭自如。山丘前面由數條平行街道組成（最常被提及的是弗農山街），其中一頭是路易斯堡廣場，另一頭是州議會。山丘後面一路向下延伸至劍橋街，喬依街看起來是一

個重要的交會點。貝肯街和查理斯街則被視為貝肯丘的一部分，但劍橋街却不算。

超過一半的受訪者在敘述他們對貝肯丘的意象時，用了以下的描述（大致上是依出現頻率來遞減排列）：

一座鮮明的山丘
狹窄的石砌街道
州議會
路易斯堡廣場和公園
樹木
漂亮的老房子
內凹的門廊

其他常聽到還有：

磚砌的人行道
鵝卵石街道
河景
住宅區
泥土和垃圾
分明的社會階級
山丘「後面」的轉角商店

封閉或「彎曲」的街道

圍欄和雕像，路易斯堡廣場

各式各樣的屋頂

查理斯街上的招牌

州議會的金色圓頂

紫色窗戶

形成對比強烈的公寓住宅

還有至少三位受訪者提過的：

停在路邊的車

凸窗

鐵花裝飾

一棟棟緊鄰的房屋

老舊的路燈

歐式風情

查理斯河

看得到麻州綜合醫院

山丘後半部玩耍的小孩

黑色百葉窗

查理斯街上的古董店

三、四層樓的別墅

我們隨意在街上簡短地問路，出乎意料地獲得

不少回答，主要的內容包括：貝肯丘是一座山丘，你要沿著街道或階梯向上走才會到。上面最顯眼的是州議會，它有金色圓頂和樓梯。山丘邊緣是波士頓中央公園，貝肯街是這個地方的邊界，街上有路易斯堡廣場，廣場裡頭有一座公園和圍欄。還有兩位以上的街頭受訪者補充了以下敘述：山丘上有樹木，是高級住宅區，靠近斯科雷廣場，山丘上有喬依街、格羅物街、查理斯街這幾條街。這些答案雖然簡短，卻跟我們密集訪談的結果大致相同。

見圖 51，p.263

現在，我們來探討一下出現在貝肯丘意象中這些主題背後的實體。這個區域確實有一座鮮明、獨特的山丘，最陡的坡落在查理斯街和劍橋街上。這道坡延伸至劍橋街，一直到城西端，但其實陡坡垂直曲線轉折點已經過了，而這個轉折點有很強烈的視覺效果。山坡邊緣不偏不倚落在查理斯街，因此很難把山腳下的地區也算進貝肯丘的範圍，這一點後文中會再解釋。然而在另外兩側，邊界有一部分跟山坡重疊，貝肯街有一部分位於斜坡上，波士頓中央公園也是。不過由於空間和特徵的改變相當明顯，讓人足以忽略這種會模糊地勢的邊界。因此即使這座山丘從地理上來看是始於特里蒙特街，「貝

肯丘」還是毫無疑問地從貝肯街開始算起。

東側的狀況則不同。這裡有很大一部分的山坡地被運用於商業用途、過度開發，因此斯科雷廣場位於山坡邊緣，斯古爾街的坡度則變化很大。這裡實際的地貌被忽略了，加上沒有足夠大的空間來展現已開發用地，也沒有清楚的特徵變化可以凌駕於土地形態的一致性。如此無庸置疑會使得這一側的意象模糊不清，也造成斯科雷廣場空間帶給人侷促不安的感覺。

圖 51 斜坡上的街道、地形和街道橫切面

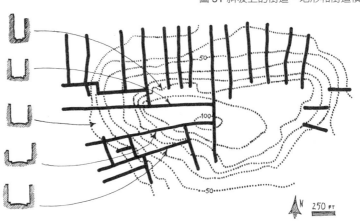

處在這座山丘上，不論是視覺上或是站在山坡上試圖保持平衡，都可明顯感受到坡度，而且這些山坡的走向在前方和後方呈現出兩個不同的主要方向，更加深了各區之間的差異。

見圖 52

山丘前半部土地開發的空間特性十分明顯，一整條延續的街道給人很近的壓迫感，建築物的立面近在眼前，通常都有三層樓高，感覺得出來這一整排都是獨門獨戶的房屋，不太容易辨別出公寓、分租房屋和公共機構。在這些有限

圖 52 從查理斯街仰望切斯那街

的特點裡，比例的差異很大，如街道的橫切面圖所示，尤其是位於路易斯堡廣場上方的弗農山街的變化特別明顯。一長排「大」別墅朝此側向後排列，空出位置給前方的小庭院，這種變化很難不被注意到，而且令人心曠神怡，並沒有破壞整體的一致性。

山丘後半部的空間比例變化也很顯著，這裡的建物變成四到六層樓高，顯然不是獨門獨戶的建築，街道變得像峽谷一般。而且因為這裡的坡地面北，陽光比較難照到街道上。這些由空間比例結構、光線、坡度、社會意涵引發出的感受，構成了這一區主要的特點。

圖 53 和圖 54 標示出貝肯丘上其他建構出整體意象、具代表性的元素。請注意，這些是山丘前半部的主要特點。磚砌人行道、街角商店、內凹門廊、雕花鐵裝飾、樹木、黑色百葉窗的分佈，都再再突顯出山丘前半部有多與眾不同，以及與後半部有多大的差異。這些元素密集且反覆出現，而且街道維護地極好，發亮的銅飾、新鮮的油漆、乾淨的路面和整齊的窗戶都有強烈的加乘效果，為貝肯丘的意象增添一抹生氣。

見圖 53，p.266
見圖 54，p.266

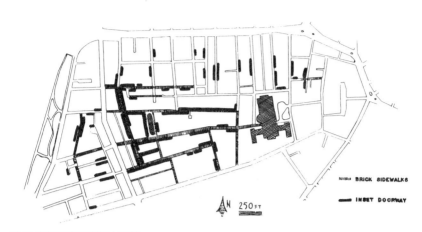

圖 53 內凹門廊和磚砌人行道

圖 54 弓形門面和雕花鐵裝飾

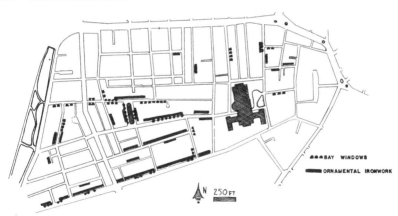

266

凸窗比較不那麼具代表性，只出現在平克尼街下坡處的一小段，還有不少受訪者提到貝肯丘時會想到紫色窗戶，但實際上並不常出現。鵝卵石路面也一樣，其實它只有出現在路易斯堡廣場兩條又短又窄的街道跟昏暗的阿考恩街上。紅磚是很普遍的建材，在波士頓也很常見，卻為這裡營造出一種具有一致色彩和紋理的背景。老舊的路燈在這裡也是隨處可見。

見圖 55

山丘上每個次要的視覺區域都有鮮明的視覺特

圖 55 貝肯丘的主題單元

見圖 56，p.269

徵，包括空間、坡度變化、功能、樓層數、植栽，甚至包括門、百葉窗、雕花鐵飾等細部。這些特徵多半會同時出現，強化了各區的差異。山丘前半部這一區有陡坡，一直延伸到查理斯街，街道上房屋比較緊密，建築的裝飾華麗、維護極佳，顯示出這裡為高級住宅區，還有陽光、行道樹、花朵、磚砌人行道、黑色百葉窗、內凹門廊、女傭、司機、老太太、街上的高級轎車。山丘的後半部是通往劍橋街的下坡路，有如幽暗峽谷的街道兩旁是毫無裝飾、破敗的房屋建築，間或有些街角商店點綴其間，街道骯髒，孩童在鋪面道路上玩耍。紅磚建築間有一些石砌建築，這裡沒有行道樹，樹木只有在住宅的後院才看得到。

位於查理斯街和查理斯河之間的下貝肯丘跟上述區域有不少共同特點，像是植栽、紅磚和磚砌路面、內凹門廊、鐵花裝飾，但少了坡度變化，加上查理斯街形成屏障，讓此地陷入一種不上不下的過渡地帶。查理斯街本身自成一個次要區域，是一條有特色的購物街，因為這裡的商品都相當昂貴或令人發思古之幽情，買主幾乎都是山丘上的富貴住戶，古董店的分布正清楚說明了這一點。碩大的州議會則形成政府

見圖 57，p.269

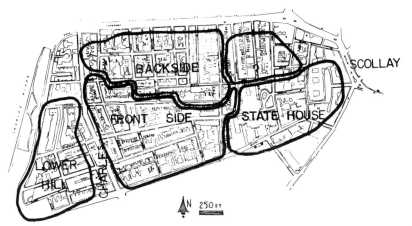

圖 56 貝肯丘的次要區域

圖 57 地標和商業用途

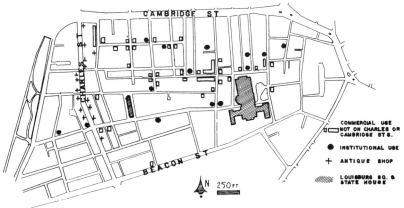

行政區域，這一區不管是用途、空間尺度、街道上的活動，都與山丘上其他地方完全不同。那裡還保留了位於狄恩街下方、漢考克街和薩默塞特街之間的過渡地區，這區有不少貝肯丘的代表性特徵，例如斜坡、磚砌路面、凸窗、內凹門廊、雕花鐵飾，只不過此區卻被切割開來了：住宅區內混雜著商店和教堂，從房屋的維修狀況可明顯看出，這裡住戶的社會階級低於山丘前半部的住戶。由於沒有明確的邊界劃分，又更增加了從這一側建構貝肯丘意象的難度。

探討交通要道造成的影響也很有趣。要從山丘前半部到後半部的路途上有許多阻礙，加上一般而言是從不同方向往返前半部和後半部，形成兩地的隔絕狀況。州議會將鮑丁街與住宅區隔開，除了拱門下方一條亂哄哄的通道以外，這是從東面來最不可能走的一條路。更甚者，因為往下移動到斯科雷廣場不易，使得廣場相對於山丘來說是「飄浮」著。

另一方面，貫穿山丘的弗農山街、喬依街、查理斯街則扮演了格外重要的角色。這些街道儘管地勢一致而且貫穿整座山丘，但卻因為視覺

上的屏障，因而強化了整個地區的壅塞感、緊密度和辨識度。喬依街、鮑丁街、平克尼街是因為垂直轉彎處而阻礙視線，弗農山街、賽德街、查理斯街的視線則是稍稍受到水平轉彎處的阻礙，其他道路在這一區都是死巷，因此沒有哪個點能讓人一眼遍收整個區域。

話雖如此，從這座山丘往外看，倒有不少美麗的景致，尤其是查理斯河往下到切斯那街、弗農山街、平克尼街、默特爾街、里維爾街一帶的景致，全拜這些街道的坡度以及貝肯丘可以縱覽查理斯河的位置所賜。從這裡可以一眼由弗農山街往下望見沃爾拿特街，將波士頓中央公園盡收眼底。山丘後半部所有向北的街道都可看見城西端，只不過看到的都是千篇一律不起眼的屋頂，唯一的例外是從安德森街（賽德街和喬依街之間唯一連接山丘前半部和後半部的街道）往下可以看見布爾芬奇醫院的舊址。沿著平克尼街向上走，可以看見有別一般的海關大樓；沿著從切斯那街向上走，則可望見威風凜然的州議會金色圓頂。

無庸置疑地，州議會是山丘上的主要地標，它的形狀和功能獨特，位置接近丘頂，從波士頓

見圖 58，p.272

見圖 59，p.273

中央公園就能輕易望見它，使它成為整個波士頓中心區的關鍵，不管在山丘內或外都是視覺的焦點。路易斯堡廣場是另一個重要的地點，是山丘前半部低坡處的小住宅區節點。路易斯堡廣場的視覺效果並不顯眼，也不靠近丘頂或山腳，幾乎沒有甚麼東西能用來定位它，因此大家並不會用這座廣場來定位，只認為它在「山丘內某處」，是整座山丘特徵的縮影。可以注意的是，所有山丘前半部具代表性的元素都集中在這裡，每種元素都以最純粹的形態出現。

圖 58 州議會

此外，路易斯堡廣場是個經過規劃的廣場，和這一地區的其他空間特徵形成明顯對比，卻也因此襯托出其他空間特徵。路易斯堡廣場內有數個鵝卵石鋪面的小區域，還有一個圍有柵欄、鬱鬱蔥蔥的公園，裡頭點綴有雕像，也正因為這裡濃綠茂密，顯然隱含了「不准踐踏」之意，要人不注意都難。有趣的是，路易斯堡廣場位於山丘側邊的特點雖然模糊了廣場在整體結構中的位置，卻似乎絲毫不會影響廣場鄰近區域的視覺穩定性。

圖 59 路易斯堡廣場

見圖 57，p.269

在貝肯丘的內部結構中，還有一些具一定程度重要性的地標，包括位於弗農山街和查理斯街的普救派教會教堂，這座教堂因為它的位置和尖塔而引人注目；還有位於狄恩街上，正對州議會的薩福克法學院，它為政府行政區更添特色，邊界也更明顯；新英格蘭藥學院突兀地座落在弗農山街的住宅之間；卡內基研究院位於平克尼街和安德森街的交口，除了中斷了一連串的住宅立面，同時也是通往山丘後半部的入口。山丘上還有其他非居住用途的區域，但全都驚人地融合於整體背景之中，絲毫讓人看不出破綻。從山丘上不太容易看見山丘以外的地標，山丘內部的結構完全自給自足。

前面我們提過，貝肯丘到城西端有一條鮮明的邊界相連，但是斯科雷廣場附近的過渡區卻讓人難以界定。大家都知道貝肯丘正對著波士頓中央公園，但我們不得不強調其實兩者之間的直接關係非常微弱。除了查理斯街、喬依街和沃爾拿特街，兩者之間並沒有容易通行的道路，同樣也看不見大片綠色樹林的景觀，因為沒有通道或空地跟貝肯街連結，也因此山丘上的植栽無法與波士頓中央公園的綠意連成一氣。

幾乎所有受訪者提到貝肯丘都會聯想到查理斯河，可能是因為沿著貝肯丘上東西向街道往下望，可以看見的美麗河景所致，但由於低處的區域劃分不明，河灘平坦開闊，加上難以穿越斯托羅幹道抵達河邊，導致進一步的連結十分模糊。原本在山坡上可以清楚地看出山丘與河道的關係，但似乎越接近河邊，兩者的關係就逐漸消失。

從整個城市的角度而言，貝肯丘的居民雖然不多，這個地方卻扮演著重要的角色，因為這裡的地勢、街道空間、樹木、社會階級、建築細部、住宅的維修程度，都與波士頓其他地區有天壤之別。和這一區最相像的是後灣，後灣跟貝肯丘有類似的建材、植栽、關聯意義，就某種程度上來說，機能和地位也類似，不過地形、建築細部和維護狀況則大不相同。有時候人們會將這兩區搞混。另一個最可能近似貝肯丘地區的是位於城北端的科普斯丘，這座山丘歷史悠久，以住宅區為主，但跟貝肯丘最不一樣的是居民的社會階級、空間、建築細部，以及缺乏樹木和邊界。

正因為如此，貝肯丘這塊獨一無二的地區在市

中心地帶十分顯眼，它連接了後灣、波士頓中央公園、市中心、城西端，而且具備主導、聚焦整塊中心地區之姿。此外，貝肯丘的存在也能解釋查理斯河岸方向為什麼會轉變的原因，並導正河道方向，如果沒有貝肯丘，這些重要細節在整體城市結構裡將會很難被記憶。從劍橋望向波士頓時，貝肯丘扮演了相當重要的角色，它不僅讓景色變得生動活潑，還清楚地架構出全景觀裡各部分的先後順序：後灣、貝肯丘、城西端。但是除了城西端和波士頓中央公園以外，若從城市的其他地方看，無法一眼就看見整個貝肯丘，因為它的坡度平緩，視野中又有許多視覺阻礙。由於貝肯丘阻礙了交通，它引導車流從它的底部經過，也將人們的注意力聚焦在查理斯街、劍橋街、斯科雷廣場這些環繞貝肯丘的通道和節點上。

貝肯丘的例子證明了一塊地區的實體特點能強化大眾意象，而且當地的通道、斜坡、各種空間、邊界、建築細部的分布，也確實會在一般群眾心中產生一定的作用。不過，貝肯丘的意象雖然鮮明，卻似乎仍不足以作為整體意象裡的主角，主要是因為它的內部區域劃分不夠明確，與查理斯河、波士頓中央公園、斯科雷廣

場的關係模糊，也無法充分發揮它位於制高點、可以俯瞰整個城市的優勢，尤其是向外望時仍無法將波士頓盡收眼底。儘管如此，貝肯丘獨特的都市意象仍帶給人們力量與滿足，它的一致性、人情味，以及帶給人的愉悅感在在都不容置疑。

斯科雷廣場

斯科雷廣場與貝肯丘完全不同。斯科雷廣場是個節點，在結構上來說相當重要，但似乎並不容易辨識或描述。它位於波士頓，扮演著交通轉運點的角色，讀者可參考圖 49。圖 60 是斯科雷廣場的詳細地圖，標示出最主要的實體特徵。

見圖 49，p.258
見圖 60，p.281

一般人對斯科雷廣場的意象，是貝肯丘周圍通道以及中央地帶與城北端之間通道的重要連接點，劍橋街、特里蒙特街、考特街在此匯集，有一部分道路通向達克廣場、范紐爾大廳、海瑪凱特廣場和城北端。以前從漢諾威街可以直達城北端，但現在卻沒辦法，交通變得很混亂。有時人們甚至以為斯科雷廣場延伸至鮑丁廣場。

除了對這裡熟門熟路的人以外，多數受訪者都不曉得佩姆伯頓廣場的入口。劍橋街清楚地與斯科雷廣場相連，轉彎處也清晰可見，大家都知道的廣場的出口在這裡，但入口既不起眼又常讓人搞不清楚位置。許多受訪者都以為是華盛頓街通向廣場入口，一般民眾也很常把特里蒙特街、考特街，以及大家以為在這裡的華盛頓街和史黛特街搞混。除了漢諾威街是死路以外，其他通向達克廣場、城北端或海瑪凱特廣場的街道沒有人分得清楚。這一整組街道似乎都往山下走，一面延伸一面轉彎。這裡最重要的是整體高度的關係：貝肯丘在上方；斯科雷廣場是位於有坡度的山丘側邊；劍橋街和特里蒙特街沿著山勢的等高線開展，其他街道則是通往山下。

斯科雷廣場的形狀不太明確，因此很難形成意象，許多人覺得這裡「只是另一個道路交會處」，稍微與眾不同的只有鮑丁廣場那端。斯科雷廣場最明顯的特點是中央地鐵站的入口，那裡瀰漫著一股年久失修、人煙罕至、不入流的氛圍。

超過半數的受訪者都同意以下的描述：

劍橋街通往斯科雷廣場，彎彎曲曲的，而且路會越變越細。斯科雷廣場位於半山腰處，沿著街道向上或向下走就能通到這裡。

有超過四分之一的受訪者說：

特里蒙特街通到斯科雷廣場。
廣場中間有一個地鐵站。
漢諾威街通到斯科雷廣場。
考特街穿過斯科雷廣場，順著山路向下蜿蜒。

至少有三位受訪者說：

街道往山下通到達克廣場和范紐爾大廳。
那一帶有酒吧。
搞不清楚廣場跟華盛頓街的關係。

我們隨機在街頭問路只得到以下的常見描述：

斯科雷廣場位於地鐵線上。
特里蒙特街通到斯科雷廣場。

不過有二到四位街頭受訪者補充了以下的描述：

劍橋街通到斯科雷廣場。

華盛頓街通到斯科雷廣場（事實上沒有）。

廣場中間有一個地鐵站。

這附近的街道不是上坡路就是往下坡路。

從城北端過來的街道會接到這裡，這些街道位於幹道之外或下方。

電影院很有名。

是「波士頓廣場」，就是一個道路的交會點。

一個「大」廣場，占地廣大。

某一側有個停車場。

顯然關於這裡的描述與貝肯丘相比少了許多，只在列舉與廣場相連的通道時有較多描述，然而這些描述都是抽象的，而且常常被搞混。不過雖然斯科雷廣場視覺意象模糊，在結構上卻在波士頓扮演了相當重要的角色。

見圖 60，p.281

在原本的規劃中，真正的斯科雷廣場是個相當規則的空間，整個廣場從薩德伯里街到考特街呈狹長的長方形，小條街道以不規則的間隔錯落其中。在這樣的規劃裡，通道系統呈簡單的紡錘形，一側伸出三條道路，另一側則伸出兩條。不過這樣的規則在立體空間中就不是很明顯，向外伸出的道路有如參差不齊的牙齒，龐

圖 60 斯科雷廣場的街道和建築物

大的交通流量讓整個空間變得支離破碎，傾斜
交錯的路面也很惱人。唯一能解救這種雜亂感
的是立於薩德伯里街和劍橋街交口、面向廣場
的一塊大型看板，這塊華而不實的廣告看板即
使不美觀，倒也確實地區隔了整個空間。

這裡的通道之所以形態模糊不清，是因為它是
呈紡錘狀的分布，其中的薩德伯里街看起來就

見圖 61，p.283

像是一條次要街道，許多街道的起點也都難以辨識。斯科雷廣場位於半山腰的感覺遍及於整個地區和周圍道路，雖然破壞了空間穩定感，但卻是連結這個地區之外無形空間的關鍵。

整個廣場空間繼續往西北方延伸，從寬闊的劍橋街一路延伸至鮑丁廣場。鮑丁廣場說起來算是一個路口，是劍橋街的轉折點。而位於鮑丁廣場與斯科雷廣場之間的空間毫無形狀可言，不受控制地向四面八方發散，如果不以車流為線索就根本無法辨別方向。交通的確是這裡最主要的意象。斯科雷廣場永遠車水馬龍，不論道路的視覺特徵如何，流量高的道路便是主要通道。

斯科雷廣場內部幾乎沒有可以整合出同質性或展現特點的實體結構。這裡的建築結構有各種形狀和大小，材質五花八門，新舊雜陳。共同特點是遍地可見的破損景象，不過建築物較下方的樓層的用途和進行的活動就比較相符合。廣場兩側有成排的酒吧、廉價餐廳、娛樂商場、電影院、折扣商店以及販售二手貨和新奇小玩意兒的店家，除了西側有幾家店是空的，整條街道的店家差不多都是如此。這些店家本身的

用途很符合其外觀細部、門面和招牌，以及街
上行人的特質（這裡的行人包括有無家可歸的
流浪漢、醉漢、上岸休假的水手，與一般市中
心的人潮迥異）。到了晚上，斯科雷廣場更顯
得有別於波士頓中央地區的其他地方，這裡的
燈光、活動、路上的人潮，都與其他幽暗寧靜
的城市部分形成強烈對比。

簡言之，斯科雷廣場帶給人的主要印象是沒有
形狀、交通擁擠、斜坡陡峭、破損、機能特別、

圖 61 從斯科雷廣場向北望

居民有特色。這些特點大部分在波士頓這個城市並不算太特殊，不至於讓斯科雷廣場獨特到絕不會被錯認。這裡的破敗景象和不少用途都與眾多市中心周邊地區類似，而且沿著多佛街和百老匯之間的華盛頓街上，這種空間機能和居民的組合更是一再重複，非常顯著。在波士頓，數條通道的交會點永遠都是混亂的空間，其他例子包括像是鮑丁廣場、達克廣場、帕克廣場、格林教堂、哈里遜街、艾塞克斯街，非常容易列舉。斯科雷廣場呈狹長形的占地或許獨一無二，但它在視覺上並不特出，這個節點的斜坡以及它與整個波士頓之間的結構關係，無疑才是最主要的辨識特徵。

既然斯科雷廣場最主要的功用是通道的交會點，我們就不能從靜態的角度理解它，而是在靠近它和遠離它時，看它會呈現出什麼樣的樣貌。先從特里蒙特街走近，然後稍微走進斯科雷廣場，就會看到位於低處、由一大片建築物和中央商業區構成的明顯邊界。而首先映入眼簾的是一棟老舊的磚砌建築以及考恩希爾街轉角的標誌，然後會有一整片空間在眼前開展，左方看得到好幾個經歷風吹日曬雨淋的招牌。另外，此處的汽車數量之多也令人印象深刻。

華盛頓街主要通向達克廣場，考特街和斯科雷廣場相連，雖然轉角就是州議會舊址，但這條街似乎只是一條次要、和廣場交會的不起眼街道，不太明顯地沿著斯科雷廣場往上走。

劍橋街在這裡往東南方延伸，直通到位於鮑丁廣場、外觀普通卻高聳搶眼的電話大廈。然而這裡的通道亂成一團，會讓人迷失方向和找不到目標，只有在薩德伯里街右轉後才明顯看得到酒吧、後方聳立的辦公大樓和中間地鐵站等有特點的結構。

薩德伯里街、漢諾威街、布拉特爾街、考恩希爾街等通往山下的道路，在接近廣場時都有明顯的坡度，走在其中任一條街上都讓人覺得前方很開闊，或許還會覺得酒吧變得密集，其他機能也變多。但一般而言，跟佩姆伯頓廣場上的安耐克斯法院比起來，斯科雷廣場比較不容易在還沒抵達前就被察覺到，因為它沒有高聳的屋頂。斯科雷廣場似乎只是一個道路的終點或一個轉彎處，考恩希爾街上坡的彎道是個令人愉悅的空間體驗（設計的本意也是如此），但這條街位於斯科雷廣場的終點處卻絲毫引不起人們的興趣。從佩姆伯頓廣場和霍華德街的

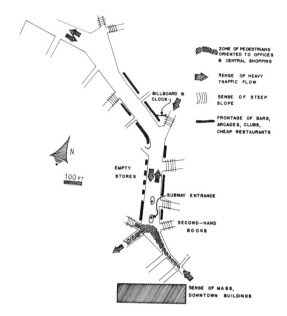

圖 62 斯科雷廣場的視覺元素

上坡路段來看斯科雷廣場,一樣是平淡無奇、意象模糊。簡單來說,雖然劍橋街在過了鮑丁街後比較雜亂,卻是通往斯科雷廣場唯一比較有特色的街道。

從劍橋街延伸出去的方向也相當清楚,過去地位很重要的漢諾威街除了街道寬度比較寬之外,就很難與其他街道區隔。薩德伯里街也一樣,除了車流量驚人,就其規模和兩側建築的

用途看來，是條不怎麼重要的街道。從北側來看，要進入重要的特里蒙特街會碰到一個難以察覺的急轉彎。許多受訪者都找不到這個出入口的位置，不過一旦知道了，特里蒙特街的方向就會變得很清楚，沿路可見包括貝肯丘戲院、帕克旅館、國王禮拜堂、特里蒙特教堂、格蘭納雷墓地和波士頓中央公園這些地標。

斯科雷廣場的空間明顯地沿著山丘下行，稍微偏左穿過考特街，只不過這裡的交通似乎與這樣的印象相反，車流都是在這個點單向地往上通向這個廣場。如果一直沿著考特街走，完全不會注意到華盛頓街，只會注意到州議會舊址和一個功用不明的空間，因此華盛頓街與斯科雷廣場的關係在這兩個方向上都很模糊。

更讓人困惑的是，同樣連到斯科雷廣場的考特街和考恩希爾街靠得很近，但在一個街區之外，這兩條路通往的地點卻讓人在感覺上以為就像史黛特街與達克廣場的距離一樣遠。由此我們可以下結論說，雖然特里蒙特街意象不夠鮮明的路段只有一小段，但就只有劍橋街是唯一一條意象清楚的街道。

斯科雷廣場除了斜坡和通道之外，也透過一些向外看到的景觀建立起意象，包括鮑丁廣場的電話大廈、佩姆伯頓廣場的安耐克斯法院（這兩者在建築風格上幾乎難以分辨，只有高度不同），還有可以從東南方望見辨識度極高的海關大樓，標示出史黛特街低窪近海濱處。最壯觀的是朝南面望出去的天際線，可看見一大片的辦公大樓，那裡是郵政廣場區，而且也清楚標示出斯科雷廣場位於市中心的邊緣地帶。

有別於貝肯丘或聯邦大道，斯科雷廣場從廣場以外的地區幾乎看不到，只有在快接近時才看得見，也只有熟門熟路的人才會曉得，從遠處看到安耐克斯法院時，就表示快接近斯科雷廣場了。

見圖 62，p.286

在廣場上，幾乎沒有甚麼東西可用來辨別方向或區分廣場內部，其中最主要的地標是地鐵站入口和報攤，在車流中間形成一個小橢圓形地帶。但這一小塊地區隔著一段距離來看的話，依舊不明顯，看起來主要就是一個有黃色字體的招牌跟地面上的大洞。然而因為後方還有一個橢圓形空間的地鐵出入口，這個地標的重要性自然大減。不過這第二個地下出入口只用做

出口，很少人使用，也沒有報攤，在意象裡幾乎「不存在」。每個人都以為地鐵站的入口位在斯科雷廣場「中央」，但其實它幾乎在廣場盡頭。廣場內另一個醒目的地標，是在佩姆伯頓廣場和特里蒙特街轉角、有著明亮大字招牌的香菸店，這間店位在薩福克銀行陡直的牆邊，跟銀行形成強烈對比。

斯科雷廣場內可以指引方向的線索很少，只有傾斜的地形和主要的交通幹道賦予了辨識方向基準。整個空間和大片建築中都沒有明顯的變化，南邊天際線上高聳的建築和北邊盡頭的看板，是整個環境裡主要用來分辨方向的線索。

不過，不同的建築物用途和活動倒是可以用來辨認方向。南側行人和轉彎車流的密度較高，而且南側的建築用途類似於市中心商業區，包括生活用品店、餐廳、香菸店。這裡的行人多是上班族和購物的人，廉價商店主要集中在廣場東側，西側店家較少，那裡主要是廉價旅館和出租房屋，往上延伸至貝肯丘過渡地帶的邊緣。路上的行人是提到斯科雷廣場時多數人會聯想到的。考恩希爾街上的二手書店群是另一個內部的辨向線索，這一區的北緣有許多倉庫。

總的來說，雖然形態上很粗糙模糊，斯科雷廣場內部還是可以透過斜坡、交通車流、建築功能來做區分與建構。

因此，斯科雷廣場需要有一個能與它的機能匹配的視覺形象，這個視覺形象能發揮這裡潛在的形態，包括長方形的空間、紡錘狀的通道、山丘側面的坡度。而且為了發揮這個廣場在城市結構中的角色，每條重要通道的連接點不論向內還是向外，都必須一清二楚。未來斯科雷廣場還可以扮演更顯眼的視覺角色，就是做為舊波士頓半島城區的中心點，也是貝肯丘、城西端、城北端、市場區、金融區、中央購物區等一連串區域的樞紐，以及特里蒙特街、劍橋街、考特街、史黛特街、薩德伯里街等重要通道的節點。另外它也可做為一個三層節點的中心點，由高往低排序分別是佩姆伯頓廣場、斯科雷廣場、達克廣場。現在的斯科雷廣場不僅讓「良善的」人們感到不太自在，也錯失了創造偉大視覺意象的機會。

參考書目

1. Angyal, A., "Über die Raumlage vorgestellter Oerter," *Archiv für die Gesamte Psychologie,* Vol. 78, 1930, pp. 47–94.
2. Automotive Safety Foundation, *Driver Needs in Freeway Signing,* Washington, Dec. 1958.
3. Bell, Sir Charles, *The People of Tibet,* Oxford, Clarendon Press, 1928.
4. Best, Elsdon, *The Maori,* Wellington, H. H. Tombs, 1924.
5. Binet, M. A., "Reverse Illusions of Orientation," *Psychological Review,* Vol. I, No. 4, July 1894, pp. 337–350.
6. Bogoraz-Tan, Vladimir Germanovich, "The Chukchee," *Memoirs of the American Museum of Natural History,* Vol. XI, Leiden, E. J. Brill; and New York, G. E. Stechert, 1904, 1907, 1909.
7. Boulding, Kenneth E., *The Image,* Ann Arbor, University of Michigan Press, 1956.
8. Brown, Warner, "Spatial Integrations in a Human Maze," *University of California Publications in Psychology,* Vol. V, No. 5, 1932, pp. 123–134.
9. Carpenter, Edmund, "Space Concepts of the Aivilik Eskimos," *Explorations,* Vol. V, p. 134.
10. Casamajor, Jean, "Le Mystérieux Sens de l'Espace," *Revue Scientifique,* Vol. 65, No. 18, 1927, pp. 554–565.
11. Casamorata, Cesare, "I Canti di Firenze," *L'Universo,* Marzo-Aprile, 1944, Anno XXV, Number 3.

12. Claparède, Edouard, "L'Orientation Lointaine," *Nouveau Traité de Psychologie,* Tome VIII, Fasc. 3, Paris, Presses Universitaires de France, 1943.

13. Cornetz, V., "Le Cas Elémentaire du Sens de la Direction chez l'Homme," *Bulletin de la Société de Géographie d'Alger,* 18e Année, 1913, p. 742.

14. Cornetz, V., "Observation sur le Sens de la Direction chez l'Homme," *Revue des Idées,* 15 Juillet, 1909.

15. Colucci, Cesare, "Sui disturbi dell'orientamento topografico," *Annali di Nevrologia,* Vol. XX, Anno X, 1902, pp. 555–596.

16. Donaldson, Bess Allen, *The Wild Rue: A Study of Muhammadan Magic and Folklore in Iran,* London, Lirzac, 1938.

17. Elliott, Henry Wood, *Our Arctic Province,* New York, Scribners, 1886.

18. Finsch, Otto, "Ethnologische erfahrungen und belegstücke aus der Südsee," Vienna, Naturhistorisches Hofmuseum, *Annalen.* Vol. 3, 1888, pp. 83–160, 293–364. Vol. 6, 1891, pp. 13–36, 37–130. Vol. 8, 1893, pp. 1–106, 119–275, 295–437.

19. Firth, Raymond, *We, the Tikopia,* London, Allen and Unwin Ltd., 1936.

20. Fischer, M. H., "Die Orientierung im Raume bei Wirbeltieren und beim Menschen," in *Handbuch der Normalen und Pathologischen Physiologie,* Berlin, J. Springer, 1931, pp. 909–1022.

21. Flanagan, Thomas, "Amid the Wild Lights and Shadows," Columbia University Forum, Winter 1957.

22. Forster, E. M., *A Passage to India,* New York, Harcourt, 1949.

23. Gatty, Harold, *Nature Is Your Guide,* New York,·E. P. Dutton, 1958.

24. Gautier, Emile Félix, *Missions au Sahara,* Paris, Librairie A. Colin, 1908.

25. Gay, John, *Trivia, or, The Art of Walking the Streets of London,* Introd.· and notes by W. H. Williams, London, D. O'Connor, 1922.

26. Geoghegan, Richard Henry, *The Aleut Language,* Washington, U. S. Department of Interior, 1944.

27. Gemelli, Agostino, Tessier, G., and Galli, A., "La Percezione della Posizione del nostro corpo e dei suoi spostamenti," *Archivio Italiano di Psicologia,* I, 1920, pp. 104–182.

28. Gemelli, Agostino, "L'Orientazione Lontana nel Volo in Aeroplano," *Rivista Di Psicologia,* Anno 29, No. 4, Oct.–Dec. 1933, p. 297.

29. Gennep, A. Van, "Du Sens d'Orientation chez l'Homme," *Réligions, Moeurs, et Légendes,* 3e Séries, Paris, 1911, p. 47.

30. Granpré-Molière, M. J., "Landscape of the N. E. Polder," translated from *Forum,* Vol. 10:1–2, 1955.

31. Griffin, Donald R., "Sensory Physiology and the Orientation of Animals," *American Scientist,* April 1953, pp. 209–244.
32. de Groot, J. J. M., *Religion in China,* New York, G. P. Putnam's, 1912.
33. Gill, Eric, *Autobiography,* New York City, Devin-Adair, 1941.
34. Halbwachs, Maurice, *La Mémoire Collective,* Paris, Presses Universitaires de France, 1950.
35. Homo, Leon, *Rome Impériale et l'Urbanisme dans l'Antiquité.* Paris, Michel, 1951.
36. Jaccard, Pierre, "Unè Enquête sur la Désorientation en Montagne," *Bulletin de la Société Vaudoise des Science Naturelles,* Vol. 56, No. 217, August 1926, pp. 151–159.
37. Jaccard, Pierre, *Le Sens de la Direction et L'Orientation Lointaine chez l'Homme,* Paris, Payot, 1932.
38. Jackson, J. B., "Other-Directed Houses," *Landscape,* Winter, 1956–57, Vol. 6, No. 2.
39. Kawaguchi, Ekai, *Three Years in Tibet,* Adyar, Madras, The Theosophist Office, 1909.
40. Kepes, Gyorgy, *The New Landscape,* Chicago, P. Theobald, 1956.
41. Kilpatrick, Franklin P., "Recent Experiments in Perception," *New York Academy of Sciences, Transactions,* No. 8, Vol. 16. June 1954, pp. 420–425.
42. Langer, Suzanne, *Feeling and Form: A Theory of Art,* New York, Scribner, 1953.
43. Lewis, C. S., "The Shoddy Lands," in *The Best from Fantasy and Science Fiction,* New York, Doubleday, 1957.
44. Lyons, Henry, "The Sailing Charts of the Marshall Islanders," *Geographical Journal,* Vol. LXXII, No. 4, October 1928, pp. 325–328.
45. Maegraith, Brian G., "The Astronomy of the Aranda and Luritja Tribes," Adelaide University Field Anthropology, Central Australia no. 10, taken from *Transactions of the Royal Society of South Australia,* Vol. LVI, 1932.
46. Malinowski, Bronislaw, *Argonauts of the Western Pacific,* London, Routledge, 1922.
47. Marie, Pierre, et Behague, P., "Syndrome de Désorientation dans l'Espace" *Revue Neurologique,* Vol. 26, No. 1, 1919, pp. 1–14.
48. Morris, Charles W., *Foundations of the Theory of Signs,* Chicago, University of Chicago Press, 1938.
49. *New York Times,* April 30, 1957, article on the "Directomat."
50. Nice, M., "Territory in Bird Life," *American Midland Naturalist,* Vol. 26, pp. 441–487.
51. Paterson, Andrew and Zangwill, O. L., "A Case of Topographic Disorientation," *Brain,* Vol. LXVIII, Part 3, September 1945, pp. 188–212.

52. Peterson, Joseph, "Illusions of Direction Orientation," *Journal of Philosophy, Psychology and Scientific Methods,* Vol. XIII, No. 9, April 27, 1916, pp. 225–236.

53. Pink, Olive M., "The Landowners in the Northern Division of the Aranda Tribe, Central Australia," *Oceania,* Vol. VI, No. 3, March 1936, pp. 275–305.

54. Pink, Olive M., "Spirit Ancestors in a Northern Aranda Horde Country," *Oceania,* Vol. IV, No. 2, December 1933, pp. 176–186.

55. Porteus, S. D., *The Psychology of a Primitive People,* New York City, Longmans, Green, 1931.

56. Pratolini, Vasco, *Il Quartiere,* Firenze, Valleschi, 1947.

57. Proust, Marcel, *Du Côté de chez Swann,* Paris, Gallimard, 1954.

58. Proust, Marcel, *Albertine Disparue,* Paris, Nouvelle Revue Française, 1925.

59. Rabaud, Etienne, *L'Orientation Lointaine et la Reconnaissance des Lieux,* Paris, Alcan, 1927.

60. Rasmussen, Knud Johan Victor, *The Netsilik Eskimos* (Report of the Fifth Thule Expedition, 1921–24, Vol. 8, No. 1–2) Copenhagen, Gyldendal, 1931.

61. Rattray, R. S., *Religion and Art in Ashanti,* Oxford, Clarendon Press, 1927.

62. Reichard, Gladys Amanda, *Navaho Religion, a Study of Symbolism,* New York, Pantheon, 1950.

63. Ryan, T. A. and M. S., "Geographical Orientation," *American Journal of Psychology,* Vol. 53, 1940, pp. 204–215.

64. Sachs, Curt, *Rhythm and Tempo,* New York, Norton, 1953.

65. Sandström, Carl Ivan, *Orientation in the Present Space,* Stockholm, Almqvist and Wiksell, 1951.

66. Sapir, Edward, "Language and Environment," *American Anthropologist,* Vol. 14, 1912.

67. Sauer, Martin, *An Account of a Geographical and Astronomical Expedition to the Northern Parts of Russia,* London, T. Cadell, 1802.

68. Shen, Tsung-lien and Liu-Shen-chi, *Tibet and the Tibetans,* Stanford, Stanford University Press, 1953.

69. Shepard, P., "Dead Cities in the American West," *Landscape,* Winter, Vol. 6, No. 2, 1956–57.

70. Shipton, Eric Earle, *The Mount Everest Reconnaissance Expedition,* London, Hodder and Stoughton, 1952.

71. deSilva, H. R., "A Case of a Boy Possessing an Automatic Directional Orientation," *Science,* Vol. 73, No. 1893, April 10, 1931, pp. 393–394.

72. Spencer, Baldwin and Gillen, F. J., *The Native Tribes of Central Australia,* London, Macmillan, 1899.

73. Stefánsson, Vihljálmur, "The Stefánsson-Anderson Arctic Expedition of the American Museum: Preliminary Ethnological Report," *Anthropological Papers of the American Museum of Natural History,* Vol. XIV, Part 1, New York City, 1914.

74. Stern, Paul, "On the Problem of Artistic Form," *Logos,* Vol. V, 1914–15, pp. 165–172.

75. Strehlow, Carl, *Die Aranda und Loritza-stämme in Zentral Australien,* Frankfurt am Main, J. Baer, 1907–20.

76. Trowbridge, C. C., "On Fundamental Methods of Orientation and Imaginary Maps," *Science,* Vol. 38, No. 990, Dec. 9, 1913, pp. 888–897.

77. Twain, Mark, *Life on the Mississippi,* New York, Harper, 1917.

78. Waddell, L. Austine, *The Buddhism of Tibet or Lamaism,* London, W. H. Allen, 1895.

79. Whitehead, Alfred North, *Symbolism and Its Meaning and Effect,* New York, Macmillan, 1958.

80. Winfield, Gerald F., *China: The Land and the People,* New York, Wm. Sloane Association, 1948.

81. Witkin, H. A., "Orientation in Space," *Research Reviews,* Office of Naval Research, December 1949.

82. Wohl, R. Richard and Strauss, Anselm L., "Symbolic Representation and the Urban Milieu," *American Journal of Sociology,* Vol. LXIII, No. 5, March 1958, pp. 523–532.

83. Yung, Emile, "Le Sens de la Direction," *Echo des Alpes,* No. 4, 1918, p. 110.

名詞對照

市政廳 City Hall
布拉特爾 Brattle
布洛克百貨公司 Bullocks department store
布萊頓 Brighton
布爾芬奇醫院 Bulfinch Hospital
平克尼街 Pinckney Street
弗農山街 Mt. Vernon Street
白山 White Mountains
皮斯凱阿瓦河 Piscataqua River

6 劃

交響樂廳 Symphony Hall
多佛街 Dover Street
好萊塢高速公路 Hollywood Freeway
安耐克斯法院 Courthouse Annex
安德森街 Anderson Street
州議會（波士頓） State House
托內爾圓環 Tonnelle traffic circle
托斯卡尼 Tuscany
百老匯 Broadway
米坎尼克街 Mechanics Street
米斯蒂克河 Mystic River
老北教堂 Old North Church
老南聚會所 Old South Meeting House
考恩希爾 Cornhill
考特街 Court Street
考普利廣場 Copley Square
考塞威 - 商貿 - 亞特蘭提大道 Causeway-Commercial-Atlantic
考塞威街 Causeway Street
艾塞克斯街 Essex Street
艾蜜莉山口 Emily Gap
西伯利亞 Siberia
西界公園 West Side Park
西藏 Tibet

7 劃

伯爾斯頓街 Boylston Street
佛洛爾街 Flower Street
佛羅倫斯 Florence
佛羅倫斯的聖母百花大教堂 The Duomo of Florence
克里特島 Crete
坎農大道 Canyon Boulevard
希爾街 Hill Street
杜威廣場 Dewey Square
沃倫街 Warren Street
沃爾拿特街 Walnut Street
狄恩街 Deane Street
肖馬特大道 Shawmut Avenue
貝肯丘 Beacon Hill
貝肯街 Beacon Street
貝爾根大道 Bergen Avenue
貝爾根區 Bergen Section
那賽瓦街 Nashua Street
邦克丘 Bunker Hill
里昂 Lyon

8 劃

亞平寧山脈 Appenines
亞特蘭提大道 Atlantic Avenue
亞諾河 Arno River
佩利賽德岩壁 Palisades
佩姆伯頓廣場 Pemberton Square
帕克旅館 Parker House
帕克廣場 Park Square
拉薩 Lhasa
杭亭頓大道 Huntington Avenue
法院大樓 Court House
法爾莫斯街 Falmouth Street
波士頓 Boston

波士頓中央公園 Boston Common
波士頓公共花園 Public Garden
波吉邦西路 Poggibonsi
阿奇街 Arch Street
阿拉米達街 Alameda Street
阿倫塔 Arunta
阿桑蒂 Ashanti
阿留申人 Aleuts
阿爾卑斯山 Alpine
阿薩姆 Assam
阿靈頓街 Arlington Street

9 劃

南派尤特人 southern Paiute
南海 South Seas
南灣 South Bay
哈里遜街 Harrison Street
哈肯薩克河 Hackensack River
哈德遜大道 Hudson Boulevard
城北火車站 North Station
城北端 North End
城西端 West End
城南火車站 South Station
城南端 South End
威尼斯 Venice
威爾西大道 Wilshire Boulevard
後灣 Back Bay
查理斯河 Charles River
查理斯河大壩 Charles River Dam
查理斯街 Charles Street
柯亞塔布山 Koyatabu
毗盧遮那佛 Buddha Vairochana
洛杉磯 Los Angeles
洛杉磯街 Los Angeles Street
洛杉磯愛樂廳 Philharmonic auditorium

派克街 Park Street
玻里尼西亞 Polynesia
珀欣廣場 Pershing Square
科科魯阿山 Mt. Chocorua
科普斯丘 Copps Hill
突尼西亞 Tunisia
約翰漢考克大樓 John Hancock Building
范沃斯特公園 Van Vorst Parks
范紐爾大廳 Faneuil Hall

10 劃

哥倫比亞特區 Columbia Point
哥倫布大道 Columbus Avenue
朗費羅橋 Longfellow Bridge
格林教堂 Church Green
格羅物街 Grove Street
格蘭德街 Grand Street
桑威奇 Sandwich
桑默街 Summer Street
海港高速公路 Harbor Freeway
海瑪凱特廣場 Haymarket Square
海關大樓 Custom House
特里蒙特街 Tremont Street
特羅布里恩德群島 Trobriand Islands
紐伯里街 Newbury Street
紐華克大道 Newark Avenue
紐華克市 Newark
紐澤西州 New Jersey
紐澤西醫學中心 The New Jersey Medical Center
馬什哈德 Meshed
馬托峭壁 mato cliffs
馬爾波羅街 Marlboro Street

11 劃

商貿街 Commercial Street
國王禮拜堂 King's Chapel
基督教科學教會 Christian Science Church
密西根湖 Lake Michigan
密克羅尼西亞 Micronesia
康米尼波 - 格蘭德 Communipaw-Grand
悠魯艾夏 uru asia
悠魯蒙那 uru mauna
曼哈頓 Manhattan
梅里馬克河 Merrimac River
麥克唐奈爾山脈 MacDonnell ranges
麻州大道 Massachusetts Avenue
麻州綜合醫院 Massachusetts General Hospital
麻薩諸塞州 Massachusetts

12 劃

傑克森大道 Jackson Avenue
喬丹 - 菲萊納 Jordan-Filene
喬依街 Joy Street
喬納廣場 Journal Square
斯古爾街 School Street
斯托羅幹道 Storrow Drive
斯科雷廣場 Scollay Square
斯特勒飯店 Statler Hotel
斯普靈街 Spring Street
普救派教會 Universalist Church
普魯瓦特島 Puluwat
普魯斯特 Proust
普賴斯基高架道路 Pulaski Skyway
華盛頓街 Washington Street
菲耶索萊 Fiesole
費加羅街 Figueroa Street
郵局廣場 Post Office Square

13 劃

塞德街 Cedar Street
奧西皮山脈 Ossipee Mountains
奧利弗街 Olive Street
奧姆斯特德 Olmsted
奧林匹克街 Olympic Street
奧瑞岡步道 Oregon Trail
奧維拉廣場 Plaza-Olvera
愛斯基摩人 Eskimo
新罕布什爾州 New Hampshire
新英格蘭藥學院 New England College of Pharmacy
新幾內亞 New Guinea
楚克其人 Chukchee
瑞安尼山 Mt. Reani
瑞奇菲爾大樓 Richfield Building
聖母領報大殿 SS. Annunziata
聖克魯斯群島 Santa Cruz Islands
聖佩德羅 San Pedro
聖馬可廣場 Piazza San Marco
聖費爾南多 San Fernando
蒂蔻皮亞島 Tikopia
路易斯堡廣場 Louisburg Square
運輸大道 Transportation Row
達克廣場 Dock Square
電話大廈 Telephone Building

14-15 劃

漢米頓公園 Hamilton Park
漢考克街 Hancock Street
漢諾威街 Hanover Street
蒙哥馬利 Montgomery
領主宮 Palazzo Vecchio
劍橋區（波士頓） Cambridge side
劍橋街 Cambridge Street

城市的意象
The Image of the City
(Harvard-MIT Joint Center for Urban Studies Series)

作者	凱文·林區（Kevin Lynch）
譯者	胡家璇
總編輯	汪若蘭
協力編輯	李佳霖、徐筱筑、鄭逸瑄、施玟亞
封面設計	井十二
內頁排版	張凱揚
行銷企畫	高芸珮、顏妙純

發行人	王榮文
出版發行	遠流出版事業股份有限公司
地址	臺北市南昌路 2 段 81 號 6 樓
客服電話	02-2392-6899
傳真	02-2392-6658
郵撥	0189456-1
著作權顧問	蕭雄淋律師
法律顧問	董安丹律師

2014 年 9 月 3 日 初版一刷
行政院新聞局局版台業字號第 1295 號
定價 平裝新台幣 280 元（如有缺頁或破損，請寄回更換）
有著作權·侵害必究 Printed in Taiwan
ISBN 978-957-32-7473-5
遠流博識網 http://www.ylib.com E-mail: ylib@ylib.com

國家圖書館出版品預行編目 (CIP) 資料

城市的意象 / 凱文. 林區 (Kevin Lynch) 著 ; 胡家璇譯. -- 初版. -- 臺北市 : 遠流 , 2014.09
　　面 ;　　公分
譯自 : The image of the city
ISBN 978-957-32-7473-5(平裝)

1. 都市計畫

445.1　　　　　　103014940